高等职业教育计算机专业系列教材
电子信息类专业微课大赛获奖成果

Photoshop CC 平面设计

主　编　刘　宏　张　昉
副主编　黄寿孟　隋任花　夏俊博
　　　　黄跃成　李晨光
参　编　张　艺　历泳吉
主　审　李玲娣

北京理工大学出版社
BEIJING INSTITUTE OF TECHNOLOGY PRESS

内 容 简 介

本书力求通过大量生动实用的项目和案例使读者了解如何使用 Photoshop CC 进行图形绘制、抠图、照片处理及制作各种图片、文字的特效，并通过 3 个综合案例介绍了广告设计、海报设计、包装设计的技巧，使读者在学中做，在做中学，快速提高 Photoshop CC 的制作水平及综合运用 Photoshop CC 制作平面作品的能力。

本书由 6 个项目组成，分别是图形绘制、抠图、图层、滤镜的应用、照片的处理和综合设计。6 个项目由 19 个任务组成，每个任务都是一个具体的子项目，内容由"任务描述""案例制作效果""案例分析""相关知识讲解""案例实现""案例拓展"6 个部分组成。在"相关知识讲解"部分，为了让学生更好地理解和熟练掌握知识点，在其中穿插了若干相关的小例子来讲解。

本书可作为高职高专计算机及相关专业的教材，也可作为平面设计与制作培训班的教材及 Photoshop CC 爱好者的自学参考书。

为了便于学习，本书还包含素材和效果、练习与思考、微课等教学资源。本书配有授课的电子课件。

版权专有 侵权必究

图书在版编目（CIP）数据

Photoshop CC 平面设计 / 刘宏，张昉主编. —北京：北京理工大学出版社，2019.1（2021.8 重印）

ISBN 978-7-5682-6655-0

Ⅰ. ①P… Ⅱ. ①刘… ②张… Ⅲ. ①平面设计-图象处理软件 Ⅳ. ①TP391.413

中国版本图书馆 CIP 数据核字（2019）第 012051 号

出版发行 /	北京理工大学出版社有限责任公司
社　　址 /	北京市海淀区中关村南大街 5 号
邮　　编 /	100081
电　　话 /	（010）68914775（总编室）
	（010）82562903（教材售后服务热线）
	（010）68944723（其他图书服务热线）
网　　址 /	http://www.bitpress.com.cn
经　　销 /	全国各地新华书店
印　　刷 /	三河市天利华印刷装订有限公司
开　　本 /	787 毫米×1092 毫米　1/16
印　　张 /	16
字　　数 /	380 千字
版　　次 /	2019 年 1 月第 1 版　2021 年 8 月第 4 次印刷
定　　价 /	46.00 元

责任编辑 / 钟　博
文案编辑 / 钟　博
责任校对 / 周瑞红
责任印制 / 施胜娟

图书出现印装质量问题，请拨打售后服务热线，本社负责调换

前　言

　　Photoshop CC 是 Adobe 公司推出的图像处理软件，它广泛应用于广告设计、海报设计、包装设计、数码照片处理、网页设计、CI 设计、多媒体界面设计等领域，是电脑平面设计软件中的佼佼者。

　　本书根据高职高专院校和培训学校学生的学习特点，融合先进的教学理念，区别于传统的同类书籍，主要采用项目化的形式来组织教学内容，和企业共同开发实践工作中的典型项目，将工作中常用的理论知识、技能融合到项目的任务中，从而避免枯燥地讲解理论知识；注重对学生的动手能力的培养，在内容上力求循序渐进、学以致用，通过任务让学生掌握理论知识，通过案例拓展巩固知识，达到举一反三的目的，增强学生自主学习的能力。

　　本书由 6 个项目组成，分别是图形绘制、抠图、图层、滤镜的应用、照片的处理和综合设计。6 个项目由 19 个任务组成，每个任务都是一个具体的子项目，内容由"任务描述""案例制作效果""案例分析""相关知识讲解""案例实现""案例拓展"6 个部分组成。在"相关知识讲解"部分，为了使学生更好地理解和熟练掌握知识点，在其中穿插了若干相关的小例子来讲解。

　　本书的编者均为"双师型"教师，有着丰富的高职高专教育教学经验，理论知识扎实，专业知识丰富，长期从事平面设计与制作的教学和研究，能将软件应用和艺术设计巧妙地结合，能从学习者的角度把握教材编写的脉络，能将"项目教学法"融入教材的编写中，满足各类读者的需求。

　　本书主编为刘宏、张昉，副主编为黄寿孟、隋任花、夏俊博、黄跃成、李晨光。其中项目 1 由辽宁建筑职业学院的夏俊博老师、三亚学院的黄寿孟老师共同编写，项目 2 由辽宁机电工程学校的隋任花老师编写，项目 3 由辽宁建筑职业学院的刘宏老师编写，项目 4 由辽宁交通专业学校的张昉老师编写，项目 5 由辽阳职业技术学院的黄跃成老师编写，项目 6 由辽宁建筑职业学院的李晨光老师编写，书中的案例是与辽宁淡远有限公司共同开发的。大连职业技术学院的张艺老师和辽宁科技大学软件学院的学生历泳吉负责书中案例的编写工作。辽宁职业学院的李玲娣老师担任本书的主审。

　　由于编者的编写水平有限，书中难免存在疏漏和不足，恳请读者批评指正。

编　者

目　　录

项目 1　图形绘制 ·· 1
　任务 1.1　初识 Photoshop CC ··· 2
　　1.1.1　案例制作效果（"精酿啤酒屋"图片） ·· 2
　　1.1.2　"精酿啤酒"图标案例分析（"精酿啤酒屋"图片） ·· 2
　　1.1.3　相关知识讲解 ··· 2
　　1.1.4　案例实现（"精酿啤酒屋"图片） ··· 10
　　1.1.5　案例拓展 ··· 12
　任务 1.2　选取绘制 ·· 14
　　1.2.1　案例制作效果（"扳手"图片） ··· 14
　　1.2.2　案例分析（"扳手"图片） ·· 14
　　1.2.3　相关知识讲解 ··· 14
　　1.2.4　案例实现（"扳手"图片） ·· 17
　　1.2.5　案例拓展 ··· 19
　任务 1.3　画笔绘制 ·· 22
　　1.3.1　案例制作效果（"花边文字"图片） ··· 22
　　1.3.2　案例分析（"花边文字"图片） ··· 22
　　1.3.3　相关知识讲解 ··· 23
　　1.3.4　案例实现（"花边文字"图片） ·· 29
　　1.3.5　案例拓展 ··· 36
　任务 1.4　路径绘制 ·· 39
　　1.4.1　案例制作效果（"广汽三菱车标"图片） ··· 39
　　1.4.2　案例分析（"广汽三菱车标"图片） ··· 39
　　1.4.3　相关知识讲解 ··· 39
　　1.4.4　案例实现（"广汽三菱车标"图片） ··· 44
　　1.4.5　案例拓展 ··· 46
　任务 1.5　图形特效的制作 ·· 49
　　1.5.1　案例制作效果（"红色按钮"图片） ·· 49
　　1.5.2　案例分析（"红色按钮"图片） ·· 49
　　1.5.3　相关知识讲解 ··· 49
　　1.5.4　案例实现（"红色按钮"图片） ·· 59
　　1.5.5　案例拓展 ··· 64
项目 2　抠图 ·· 74
　任务 2.1　实物抠取 ·· 75
　　2.1.1　案例制作效果（"永恒的记忆"相册） ·· 75

        2.1.2 案例分析（"永恒的记忆"相册）···75
        2.1.3 相关知识讲解··75
        2.1.4 案例实现（"永恒的记忆"相册）···80
        2.1.5 案例拓展··81
    任务 2.2 毛发的抠取··85
        2.2.1 案例制作效果（"小猫上茶几"图片）···85
        2.2.2 案例分析（"小猫上茶几"图片）···85
        2.2.3 相关知识讲解··85
        2.2.4 案例实现（"小猫上茶几"图片）···94
        2.2.5 案例拓展··95
项目 3 图层···99
    任务 3.1 广告设计··100
        3.1.1 案例制作效果（"古城新辽阳"广告）···100
        3.1.2 案例分析（"古城新辽阳"广告）···100
        3.1.3 相关知识讲解··100
        3.1.4 案例实现（"古城新辽阳"广告）···111
        3.1.5 案例拓展··112
    任务 3.2 个人网站界面设计··115
        3.2.1 案例制作效果（"宏姐"网站界面）···115
        3.2.2 案例分析（"宏姐"网站界面）···115
        3.2.3 相关知识讲解··115
        3.2.4 案例实现（"宏姐"网站界面）···120
        3.2.5 案例拓展··123
    任务 3.3 标志设计··125
        3.3.1 案例制作效果（儿童教育机构标志）···125
        3.3.2 案例分析（儿童教育机构标志）···125
        3.3.3 相关知识讲解··125
        3.3.4 案例实现（儿童教育机构标志）···132
        3.3.5 案例拓展··133
项目 4 滤镜的应用···137
    任务 4.1 封面设计··138
        4.1.1 案例制作效果（"青春阳光"封面）···138
        4.1.2 案例分析（"青春阳光"封面）···138
        4.1.3 相关知识讲解··138
        4.1.4 案例实现（"青春阳光"封面）···148
        4.1.5 案例拓展··151
    任务 4.2 特殊文字的设计··155
        4.2.1 案例制作效果（光芒四射的文字）···155
        4.2.2 案例分析（光芒四射的文字）···155

4.2.3 相关知识讲解 ·················· 155
　　　4.2.4 案例实现（光芒四射的文字）······· 162
　　　4.2.5 案例拓展 ·················· 166
　任务 4.3 包装设计 ·················· 170
　　　4.3.1 案例制作效果（"牛奶饮料"包装）···· 170
　　　4.3.2 案例分析（"牛奶饮料"包装）······ 170
　　　4.3.3 相关知识讲解 ·················· 170
　　　4.3.4 案例实现（"牛奶饮料"包装）······ 176
　　　4.3.5 案例拓展 ·················· 179
　任务 4.4 网站元素设计 ················ 183
　　　4.4.1 案例制作效果（汽车网站背景图片）··· 183
　　　4.4.2 案例分析（汽车网站背景图片）····· 184
　　　4.4.3 相关知识讲解 ·················· 184
　　　4.4.4 案例实现（汽车网站背景图片）····· 188
　　　4.4.5 案例拓展 ·················· 190

项目 5　照片的处理·················· 195
　任务 5.1 风景图片处理················ 196
　　　5.1.1 案例制作效果（"上海风景"图片）··· 196
　　　5.1.2 案例分析（"上海风景"图片）····· 196
　　　5.1.3 相关知识讲解 ·················· 196
　　　5.1.4 案例实现（"上海风景"图片）····· 210
　　　5.1.5 案例拓展 ·················· 214
　任务 5.2 人物的美化处理·············· 219
　　　5.2.1 案例制作效果（图片中人物眼袋的处理）· 219
　　　5.2.2 案例分析（图片中人物眼袋的处理）·· 219
　　　5.2.3 相关知识讲解 ·················· 220
　　　5.2.4 案例实现（图片中人物眼袋的处理）·· 224
　　　5.2.5 案例拓展 ·················· 227

项目 6　综合设计·················· 232
　任务 6.1 广告设计·················· 232
　　　6.1.1 案例制作效果（"海洋世界"广告）··· 232
　　　6.1.2 案例分析（"海洋世界"广告）····· 233
　　　6.1.3 案例实现（"海洋世界"广告）····· 233
　任务 6.2 海报设计·················· 237
　　　6.2.1 案例制作效果（"中秋节"海报）···· 237
　　　6.2.2 案例分析（"中秋节"海报）······ 237
　　　6.2.3 案例实现（"中秋节"海报）······ 237
　任务 6.3 包装设计·················· 240

6.3.1 案例制作效果（"茶叶"包装）……………………………………………240
6.3.2 案例分析（"茶叶"包装）…………………………………………………240
6.3.3 案例实现（"茶叶"包装）…………………………………………………240
参考文献 ………………………………………………………………………………244

项目 1
图形绘制

● 项目场景

本项目的任务是使用 Photoshop CC 的绘制功能进行图形的绘制。在任务 1.1 中，利用前景色与背景色、缩放工具等制作了"精酿啤酒屋"与"水果篮"图片；在任务 1.2 中，利用矩形选框工具、椭圆选框工具、单行列选框工具制作了"扳手"与"书签"图片；在任务 1.3 中，利用油漆桶工具、渐变工具等制作了"花边文字"与"皮革文字"图片；在任务 1.4 中，利用路径描边、形状绘制、文字与路径制作了"广汽三菱车标"与"心形相册"；在任务 1.5 中，利用渐变叠加、外发光、描边、斜面和浮雕、投影等图层样式制作了"红色按钮"与"音乐按钮"。通过本项目的学习，读者可以对图形进行设计开发，并将此技能成功应用到其他应用平台项目中，为平面设计打下良好的绘图基础，同时也为将来成为平面设计师做基本功的储备。

● 需求分析

图形绘制是图形展现的基础，对整个图形而言有极其重要的影响。图形绘制是图形绘制类软件的基石，其效率决定了图形的性能，因此，图形绘制是平面设计师的基本功。本项目是 Photoshop CC 的基础，从这部分开始学习是非常必要与合理的。

● 方案设计

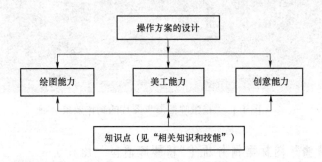

● 相关知识和技能

技能点：

（1）利用选框工具、画笔工具、形状绘制工具绘制需要的图形，从而训练平面设计师的绘图能力；

（2）利用渐变工具，前景色、背景色为绘制的图形添加色彩，从而训练平面设计师的美工能力；

（3）利用图层样式为绘制的图形添加特殊效果，从而训练平面设计师的创意能力。

知识点：

（1）基本概念：矢量图与位图、分辨率与图像尺寸、色彩、色彩模式。

（2）Photoshop CC 的界面。

（3）工具的运用：

① 设置背景色、变换命令、选框工具、渐变工具、画笔工具、形状绘制工具；

② 渐变叠加、外发光、描边、斜面和浮雕、投影、其他样式等。

任务 1.1　初识 Photoshop CC

任务描述

本任务是制作"精酿啤酒屋"图片。首先应用矩形选框工具把"精酿啤酒"图标选取出来，然后运用移动工具把图标移动到房屋的指定位置，并通过缩放工具对图标进行缩放，最后通过透视将图标贴到屋脊的适当位置。

1.1.1　案例制作效果（"精酿啤酒屋"图片）

"精酿啤酒屋"图片的制作效果如图 1-1 所示。

图 1-1　"精酿啤酒屋"图片的制作效果

1.1.2　"精酿啤酒"图标案例分析（"精酿啤酒屋"图片）

现在有"房屋""精酿啤酒"图标两张素材图片，如何制作一张"精酿啤酒屋"图片呢？下面先带领读者进行知识的储备，然后实现案例的制作。

1.1.3　相关知识讲解

1.1.3.1　矢量图与位图

矢量图和位图是 Photoshop CC 中常见的两种图像格式，它们在计算机中的生成原理是不同的，具有各自的优点、缺点。本节讲分别介绍这两种图像格式的特点，以便读者在不同的应用场合作出正确的选择。

1. 矢量图

矢量图包括两部分：轮廓线、图像颜色。形状是通过轮廓线条来定义的，而图像的颜色由轮廓线条及其围成的封闭区域内的填充颜色来决定。

（1）优点：① 文件尺寸比较小；② 图形质量不受缩放比例的影响。

（2）缺点：① 高度复杂的矢量图会使文件尺寸变得很大；② 矢量图不适合用来创建色调连续的照片或者艺术画。

2. 位图

位图包括两部分：位置、色彩。位图通过组成图像的每一个点（像素）的位置和色彩来表现图像。

（1）优点：① 能很好地表现图像的细节；② 适合显示照片、艺术画等。

（2）缺点：① 位图的缩放性能不好，当放大时会失真；② 简单的位图文件尺寸也很大。

1.1.3.2 分辨率与图像尺寸

1. 分辨率

分辨率是指单位长度所包含的像素值。分辨率分为图像分辨率、显示分辨率、打印分辨率。

1）图像分辨率

图像分辨率是指每英寸[①]图像含有多少个点或者像素，单位为点/英寸（dpl），例如，600 dpl 就是指每英寸图像含有 600 个点或者像素。在 Photoshop CC 中也可以用厘米来计算图像的分辨率，当然，这样计算出来的分辨率值是不同的。

2）显示分辨率

显示分辨率是指屏幕图像的精密度，即显示器所能显示的点数的多少。显示器可显示的点数越多，画面就越精细，同样的屏幕区域内能显示的信息也越多，所以分辨率是非常重要的性能指标。例如，1 024×768 显示分辨率表示每条水平线上包含 1 024 个像素点，共 768 条线，即扫描列数为 1 024 列，行数为 768 行。

3）打印分辨率

打印分辨率是指打印机在打印图像时每英寸产生的点数，打印分辨率的数值越大，表明图像输出的色点越小，输出的图像效果越精细。例如，360 打印分辨率表示打印图像时每英寸产生 360 个点。因此，打印机色点的大小只同打印机的硬件工艺有关，而与要输出图像的分辨率无关。

2. 图像尺寸

图像尺寸是用长度与宽度来表示的，它以像素或者以厘米为单位。像素与分辨率是数码影像最基本的单位，每个像素就是一个小点，而不同颜色的点（像素）聚集起来就变成一幅动人的图片。

图像分辨率的大小同图像的质量息息相关。分辨率越高，图像就越清晰，产生的文件也就越大，编辑处理时所占用的内存和 CPU 资源也就越多。因此，在处理图像时，不同品质的

---

① 1 英寸=0.025 4 米。

图像最好设置不同的分辨率,这样才能避免资源浪费。通常,在打印输出的时候,应设置较高的图像分辨率,而在普通浏览的时候,可以将分辨率设置得低一些。

图像尺寸、分辨率和文件的大小之间有着很密切的关系,相同分辨率的图像,如果尺寸不同,那么它们的文件大小也不同。图像尺寸越大,文件就越大。

1.1.3.3 色彩初识

自然界中的颜色是与光照有关的。不同波长的光呈现不同的颜色,可被人眼接受的光称为可见光。物体呈现的色彩,主要是物体对光线漫反射的结果。颜色的作用首先是向人传递相关的信息,这些信息对人产生不同的影响,例如:红色给人以大胆强烈的感觉,使人产生热烈、活泼的情绪;黄色能促进健康者的情绪稳定,但对情绪压抑、悲观失望者,则会加重这种不良情绪;绿色令人感到稳重和舒适,是视觉调节和休憩最为理想的颜色;蓝色具有调节神经、镇定安神、缓解紧张情绪的作用。在实际设计中,运用不同的颜色,将产生不同的效果。

色彩的基本属性如下:

(1) 色相:色相也叫色调或色彩,指颜色所呈现出来的质地面貌,即从物体发射或透过物体传播的颜色,如红、橙、黄、绿、青、紫等。在 0°~360°的标准色轮上,按位置度量色相(圆周方向)。

(2) 饱和度:饱和度也叫彩度,指颜色的强度或纯度。饱和度表示色相中灰色分量所占的比例,以 0%(灰色)~100%(完全饱和)的百分比来度量。在标准色轮上,饱和度从中心到边缘递增,饱和度为 0%时呈灰色,而最大饱和度是最深的颜色。

(3) 明度:明度表现为光源所发的光由极暗(亮度最小)到极亮(亮度最大)之间的变化,是指颜色的相对明暗程度,通常用以 0%(黑色)~100%(白色)的百分比来度量。

在 Photoshop CC 中可以对色相、饱和度、明度作细致的调整。其操作方法如下:

单击"图像"菜单→"调整"→"色相/饱和度"选项即可进行调整,如图 1-2、图 1-3 所示。

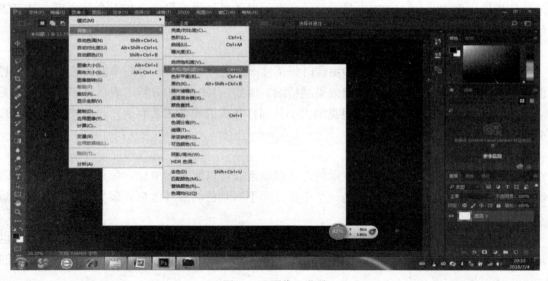

图 1-2 "图像"菜单

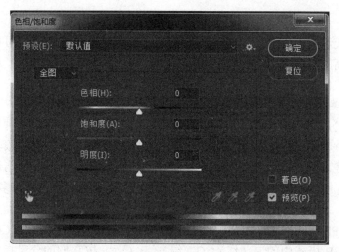

图 1-3 "色相/饱和度"对话框

1.1.3.4 色彩模式

自然界中的颜色和计算机中用于显示和打印图像的颜色是有区别的,计算机中用于显示和打印图像的颜色用于描述和重现色彩,是一种模型。

Photoshop CC 中使用的色彩模式有 8 种,分别是:位图模式、灰度模式、双色调模式、索引颜色模式、RGB 模式、CMYK 模式、Lab 颜色模式和多通道模式。

色彩模式除了用于确定图像中显示的颜色数量外,还影响通道数和图像的文件大小。

选择色彩模式的操作方法如下:

单击"图像"菜单→"模式"选项,然后选择所需模式,如图 1-4 所示。

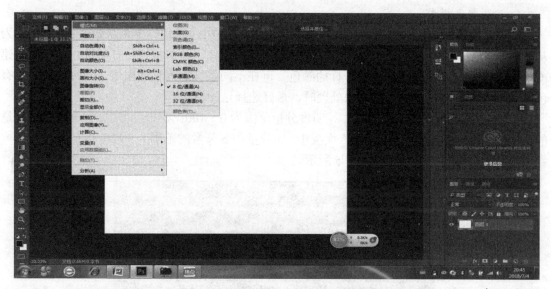

图 1-4 "图像"菜单中的"模式"选项

1. 位图模式

位图模式使用黑、白两种颜色值中的一种来表示图像中的像素,因含有的色彩信息量少,其文件也最小。

2. 灰度模式

灰度模式能表示 0（黑色）～255（白色）的 256 种明度的灰色。它可以把颜色模式的图像转化为品质很高的有亮度效果的黑白图像，一旦模式转化为灰度模式，原来的颜色信息都将被删除，再度转化为颜色模式时，原来丢失的颜色信息将不再恢复。

3. 索引颜色模式

索引颜色模式是采取颜色存放表的方式存放颜色，现最多提供 256 种颜色值。它根据图像的像素建立一个索引颜色表，如果索引颜色表中没有该种颜色，就用跟其相近的颜色来代替；由于色盘有限，因此索引色必须裁减档案大小，从而使创建的图像出现失真的情况。该模式的图像文件比 RGB 模式小很多，所以该模式与灰度模式常被应用在多媒体或网络上。

4. RGB 模式

RGB 模式是 Photoshop CC 中最常用的颜色模式。新建的 Photoshop CC 图像的默认模式为 RGB 模式，RGB 模式中的 R（红）、G（绿）、B（蓝）按它们的分量指定强度值，强度值为 0～255。自然界中的任何色彩都可以用这三种色彩混合叠加而成。R、G、B 分量的值均为 0 时为黑色；R、G、B 分量的值均为 255 时为白色；R、G、B 分量的值为其他强度值时为各种颜色。

5. CMYK 模式

CMYK 模式是一种减色模式，其中 C 为纯青色，M 为洋红色，Y 为黄色，K 为黑色。CMYK 模式以在纸上打印时油墨吸收的光线为基础特性。在实际印刷中，当白光照射到油墨上时，某些可见光波长被吸收，而其他波长则被反射回眼睛。理论上，纯青色、洋红色和黄色色素在合成后可以吸收所有光线并产生黑色。在实际应用中，青色、洋红色和黄色很难叠加形成真正的黑色，最多不过是褐色而已。

6. Lab 颜色模式

Lab 颜色是视力正常的人能够看到的所有颜色，其中 L 为明度，a 为从绿色到红色，b 为从蓝色到黄色。该颜色的最大优点是与设备无关，无论使用计算机还是打印机、扫描仪创建或输出图像，这种模式都会生成一样的颜色，可在不同系统之间移动图像。同时该模式还有色域宽阔的优点，在进行数字图像处理时，最好选择这种模式。

在 Photoshop CC 的 Lab 模式中，明度分量范围为 0～100；在拾色器中，a 分量和 b 分量的范围为 +128～-128；在"颜色"面板中，a 分量和 b 分量的范围为 +120～-120。

这 6 种图像模式的比较如图 1-5 所示。

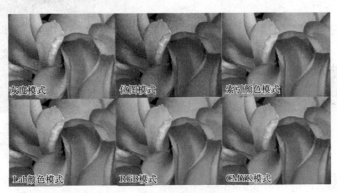

图 1-5　6 种图像模式的比较

1.1.3.5 Photoshop CC 的操作界面

对于 Photoshop CC 学习者来说，首先要先对 Photoshop CC 的操作界面有一定的了解，这样才能更好地学习与运用 Photoshop CC。启动 Photoshop CC 的操作方法如下：

单击任务栏上的"开始"→"程序"→"Adobe Photoshop CC"选项，打开了 Photoshop CC 的操作界面，如图 1-6 所示。Photoshop CC 的操作界面包括菜单栏、属性栏、工具箱、面板、画布窗口等，也可以把导航器、"颜色"面板组关闭。"图层"面板组最好不要关，因为 Photoshop CC 的大部分操作都需要它，如果不小心关掉了，可以打开"窗口"菜单，从中选择"图层"选项，即可重新启动"图层"面板组。

图 1-6　Photoshop CC 的操作界面

学会工具箱中每个工具的使用方法是 Photoshop CC 入门的第一要素。下面我们根据项目任务的需要，介绍工具箱中各种工具的使用方法。

1.1.3.6 设定前景色与背景色

在绘制图形时经常需要自行设定前景色和背景色。前景色是各种绘图工具绘图时所采用的颜色，而背景色则可以理解为画布所用的颜色，系统默认的前景色为黑色，背景色为白色。在工具箱中，设定与显示前景色和背景色的按钮是▇。按快捷键 X 可进行前景色和背景色的颜色转换；按快捷键 D 可将前景色和背景色恢复为默认颜色；如果重新设置其他颜色，则单击前景色或背景色，会弹出"拾色器"对话框，如图 1-7 所示。在"拾色器"对话框中可以选择基于 HSB（色相、饱和度、明度）、RGB（红色、绿色、蓝色）、Lab、CMYK（纯青色、洋红色、黄色、黑色）等颜色模型来指定前景色或背景色的颜色。

图 1-7　"拾色器"对话框

1.1.3.7 缩放工具

当用户所处理的图像过大或过小，不适合需求时，就需要将图像进行缩放。可以使用菜单命令、缩放工具、状态栏、组合键等多种方式实现图像的缩放，下面分别介绍。

1. 使用菜单命令

单击"视图"菜单，如图 1-8 所示，该菜单中共包括 6 个用于改变图像显示比例的级连菜单，单击"放大"或"缩小"命令可以放大或缩小显示比例；单击"按屏幕大小缩放"命令，可以按屏幕以最合适的大小显示图像。

2. 使用缩放工具

在工具箱中单击"缩放工具"按钮，将鼠标指针移动到图像窗口中，此时鼠标指针变成，拖动鼠标即可放大图像；按 Alt 键鼠标指针变成 拖动鼠标即可缩小图像；按空格键，鼠标指针变为，这时移动鼠标可移动图像。

3. 使用状态栏

用户可以利用状态栏左侧的"显示比例"文本框（ 33.33%   文档:7.66M/0 字节 ）来调节图像的比例，方法是：在文本框中输入需要的比例数值，然后按下 Enter 键即可。

4. 使用组合键

按"Ctrl+'+'"组合键，可以放大图像比例，按"Ctrl+'−'"组合键，可以缩小图像比例。

1.1.3.8 自由变换工具

1. 使用"变换"菜单命令

自由变换工具是编辑图像时用得较多的一种工具。

其操作方法如下：

单击"编辑"菜单→"变换"命令，如图 1-9 所示，可以调整图像的大小、位置、旋转、斜切等。

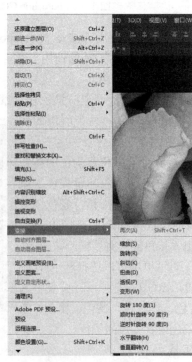

图 1-8 "视图"菜单　　　　图 1-9 "变换"命令

2. 使用"编辑"菜单命令

操作方法是：

单击"编辑"菜单，显示"自由变换""操控变形""内容识别缩放""透视变形"等命令，如图 1-10 所示，当选择其中一种命令时，在界面上就会出现其选项栏，如图 1-11 所示，在选项栏中输入数据，就可以进行精确变换。

```
内容识别缩放      Alt+Shift+Ctrl+C
操控变形
透视变形
自由变换(F)                Ctrl+T
变换                            ▶
自动对齐图层…
自动混合图层…
```

图 1-10 "编辑"菜单命令

图 1-11 "透视变形"选项栏

例子 1.1："倒影"图片的制作。

操作步骤如下：

（1）单击"文件"菜单→"打开"命令，打开"项目 1"文件夹下的"6.jpg"[①]图片。

（2）单击"文件"菜单→"新建"命令，建一个尺寸为 16 cm×16 cm、分辨率为 72 cm 的文档，打开"6.jpg"素材文件，把其拖到新建文档中，如图 1-12 所示。

图 1-12 把图片拖到新建文档后的效果

---

① 注：素材包中各项目所用素材图片名称部分相同，使用时选取本项目文件夹中相应图片即可，此后不再赘述。

(3) 选中图片所在的图层，单击鼠标右键，在弹出的菜单中选择"复制图层"命令，就得到了另一张一样的图片，选中这个图层，单击"编辑"菜单→"变换"→"垂直翻转"命令，就得到了"倒影"图片的最后效果，如图 1-13 所示。

图 1-13　"倒影"图片的最后效果

1.1.4　案例实现（"精酿啤酒屋"图片）

操作步骤如下：

（1）打开素材文件"7.jpg""8.jpg"，单击矩形选框工具，选取"7.jpg"文件中的"精酿啤酒"图标，如图 1-14 所示。

图 1-14　选取图标

项目 1　图形绘制

（2）单击移动工具，将选择好的图标拖到"8.jpg"文件中，如图 1-15 所示。

图 1-15　拖动图标到指定的文件中

（3）选中图标图层，按"Ctrl+T"组合键对图标进行自由变换，拖动变换框进行缩放，将图标放在指定的位置，如图 1-16 所示。

图 1-16　图标缩放后的效果

（4）按 Ctrl 键并拖动变换框的 4 个角进行透视，使图标看起来跟屋架更贴近，最后的效果如图 1-1 所示。

▶ **温馨小提示**

（1）透视命令的使用方法：① 按 Ctrl 键并拖动变换框的 4 个角进行透视；② 单击"编

辑"菜单→"变换"→"透视"命令。

（2）如果框选不到位，就单击"选择"菜单→"变换选区"命令对选框进行微调。

1.1.5 案例拓展

以"9.jpg""10.jpg"素材文件为基础，如何实现把梨放进水果篮里的图片效果？学生边讨论边做，教师加以指导。

1.1.5.1 制作效果（"水果篮"图片）

"水果篮"图片的制作效果如图1-17所示。

1.1.5.2 制作实现（"水果篮"图片）

（1）打开素材文件"9.jpg"，单击椭圆选框工具，按住鼠标左键拖出一个椭圆形区域，选中"梨"，如图1-18所示。

图1-17 "水果篮"图片的制作效果　　　　图1-18 选中"梨"

（2）按"Ctrl+J"组合键，复制选区中的"梨"到新建的"图层1"，并把"梨"拖到"10.jpg"里，如图1-19所示。

图1-19 把"梨"放到"水果篮"里的效果（1）

（3）选中"图层 1"，并设置其透明度为 53%，"梨"变成半透明，这时可以看到"水果篮"盖住"梨"的部分，如图 1-20 所示。

（4）选中"背景"图层，单击"磁性套索工具"按钮，选出"水果篮"的部分，如图 1-21 所示。

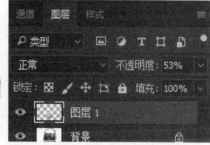

图 1-20　设置透明度后的效果　　　　图 1-21　"水果篮"的选区效果

（5）按"Ctrl+J"组合键，复制"背景"图层中选中的"水果篮"部分到新建的"图层 2"，并按住鼠标左键，拖动"图层 2"到"图层 1"上，如图 1-22 所示。

图 1-22　把"梨"放到"水果篮"里的效果（2）

（6）选中"图层 1"，并设置其透明度为 100%，最后效果如图 1-17 所示。

（7）单击"文件"菜单→"存储为"命令，将文件名设为"水果篮.psd"。

任务评价

班级	姓名	学号	评价内容	评价等级	成绩
			知识点	优	
				良	
				中	
				及格	
				不及格	
			技能点	优	
				良	
				中	
				及格	
				不及格	
			综合评定成绩		

任务1.2 选取绘制

任务描述

本任务是制作"扳手"图片。首先是应用椭圆选框工具、钢笔工具制作一个扳手的左、右两侧，再应用图层样式（内发光）制作扳手效果。

1.2.1 案例制作效果（"扳手"图片）

"扳手"图片的制作效果如图1-23所示。

1.2.2 案例分析（"扳手"图片）

如何用选框工具制作一张"扳手"图片呢？下面先带领读者进行知识的储备，然后实现案例的制作。

1.2.3 相关知识讲解

选框工具主要是用来在图像上建立一个规则图形选区，包含矩形选框工具、椭圆选框工具、单行选框工具、单列选框工具。用鼠标按住工具栏中矩形选框工具的向下箭头，就能选择其中的一个工具来使用，如图1-24所示。

项目 1　图形绘制

图 1-23　"扳手"图片的制作效果　　　　　图 1-24　选框工具

下面对选框工具作逐一讲解。

1.2.3.1　矩形选框工具

矩形选框工具用来在图像中建立一个矩形的选区。

其操作方法如下：

单击"矩形选框工具"按钮 ，然后拖动鼠标到结束的位置单击，即建立一个矩形选区，如图 1-25 所示。在选择矩形选框工具时，界面中会出现"矩形选框工具"选项栏，如图 1-26 所示。

图 1-25　建立矩形选区

图 1-26　"矩形选框工具"选项栏

（1）羽化："羽化"选项用来使选区内图像的边缘出现色彩渐变虚化的效果，羽化的半径越大，渐变效果越明显，下面分别把羽化值设置为 2 与 5，如图 1-27 所示。

图 1-27 不同羽化值的比较图

（2）样式："样式"选项用来对矩形选区的大小、比例进行设定，有"正常""固定大小""固定比例"三个子选项。

①"正常"：表示可以建立任意选取；

②"固定大小"：对矩形选框精确设置"宽"与"高"的值，单位是"像素"；

③"固定比例"：对矩形选框精确设置"宽"与"高"的值，但无论建立的选区有多大，长和宽的比例是确定的。

1.2.3.2 椭圆选框工具

椭圆选框工具用来在图像中建立圆形或椭圆形的选区。其建立选区的方式与矩形选框工具相同，但其选项栏中多了一个"消除锯齿"选项，如图 1-28 所示。

图 1-28 "椭圆选框工具"选项栏

"消除锯齿"选项：通过软化背景像素与边缘像素之间的颜色，使选取的锯齿状边缘平滑，也起到过渡的效果，只是边缘像素发生变化，不会丢失其他细节。备注："消除锯齿"选项在剪切、复制以及创建复合图像时应用很广泛。"消除锯齿"选项使用前后的比较如图 1-29 所示。

图 1-29 "消除锯齿"选项使用前后的比较

1.2.3.3 单行/列选框工具

单行和单列选框工具主要用来在图像中建立一行或一列像素的选区，是创建特殊选区的一种方式。

例子 1.2：英语练习本内页的制作。

操作步骤如下：

项目 1　图形绘制

（1）新建一个大小为 2 cm×2 cm，分辨率为 72 像素/cm 的文档，利用标尺作为辅助参考。

（2）单击单行选框工具并按住 Shift 键在文档中建立单行选区。单击"编辑"菜单→"填充"命令将选区填充成黑色，如图 1-30 所示。

（3）按"Ctrl+A"组合键全选图像，单击"编辑"菜单→"定义图案"命令将该图像定义为图案，如图 1-31 所示。

图 1-30　用单行选框工具建立选区　　　　图 1-31　定义图案

（4）新建大小为 25 cm×20 cm、分辨率为 72 像素/cm 的空白文档，用矩形选框工具在文档中选出要画格子的图像区域，单击"编辑"菜单→"填充"命令，选择"用图案填充"选项，将刚才创建的图案填充到选区中，再按"Ctrl+D"组合键取消选定，就完成了英语练习本内页的制作，最后效果如图 1-32 所示。

图 1-32　英语练习本内页的制作效果

1.2.4　案例实现（"扳手"图片）

操作步骤如下：

（1）新建大小为 25.4 cm×25.4 cm 的文档，填充颜色为白色。

（2）新建"图层 1"，命名为"椭圆"，单击"椭圆选框工具"按钮 ◯，按 Shift 键，拖动鼠标左键画一个正圆，填充颜色为黑色，单击"钢笔工具"按钮 ◊，画出图 1-33 所示的路径，单击路径面板中的"将路径载入选区"按钮 ▪，再按 Delete 键进行删除，按"Ctrl+D"组合键，取消选取，效果如图 1-34 所示。

- 17 -

图 1-33　用钢笔工具绘制路径　　　　　　图 1-34　扳手右侧的效果

（3）复制"椭圆"图层，形成"椭圆拷贝"图层，单击"移动工具"按钮，将其放在适当的位置，效果如图 1-35 所示。

（4）新建图层 2，单击"矩形选框工具"按钮，画一个矩形，填充颜色为黑色，再把"椭圆"图层及"椭圆拷贝"图层移到"图层 2"的上面，效果如图 1-36 所示。

图 1-35　扳手头的效果　　　　　　　　　图 1-36　扳手的效果

（5）单击"创建新组"按钮，然后给组创建图层样式"内发光"，参数设置及效果如图 1-37 所示。

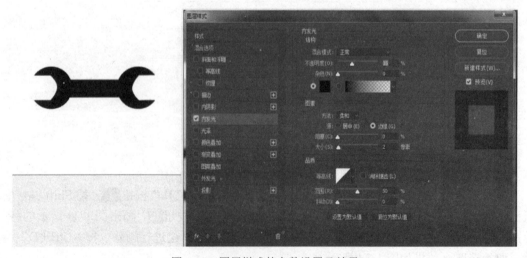

图 1-37　图层样式的参数设置及效果

▶ **温馨小提示**

Shift 键：选取的结果是原来的选区和新建选区进行叠加后的区域。
Alt 键：选取的结果是原来的选区与新建选区相减后的区域。
"Shift+Alt"组合键：选取的结果是原来的选区和新建选区交叉后的区域。

1.2.5　案例拓展

根据"11.jpg"素材文件，如何利用椭圆工具、圆角矩形工具、橡皮擦工具及图层样式实现书签的制作呢？同学们边讨论边做，教师加以指导。

1.2.5.1　制作效果（"书签"图片）

"书签"图片的制作效果如图 1-38 所示。

1.2.5.2　制作实现（"书签"图片）

操作步骤如下：

（1）新建 1 000×1 000 像素的画布，填充颜色为白色，参数设置如图 1-39 所示。

图 1-38　"书签"图片的制作效果

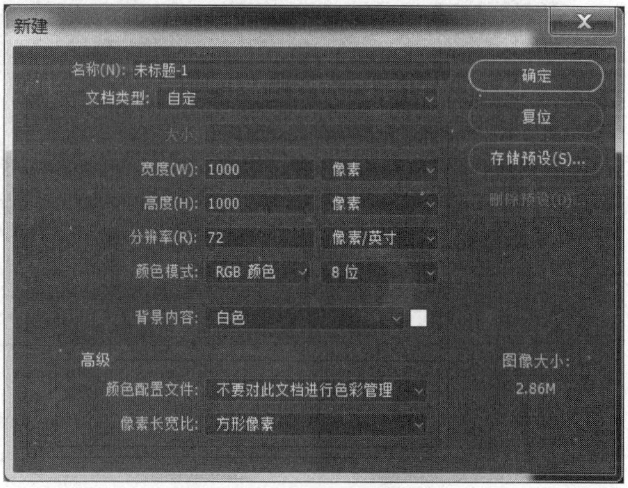

图 1-39　新建文档参数设置

（2）新建"图层 1"，单击"圆角矩形工具"按钮 ▭，并单击"将路径载入选区"按钮，填充颜色，效果如图 1-40 所示。

图 1-40　绘制圆角矩形

(3) 选中"图层 1",单击创建图层样式,参数设置如图 1-41 所示。

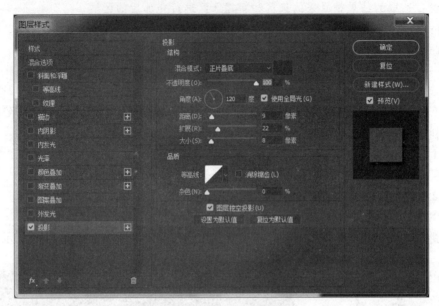

图 1-41　图层样式设置参数

(4) 单击"椭圆工具"按钮 ◯ 在矩形的左上角画出一个圆圈,并按 Ctrl 键,同时鼠标左键单击"图层 1",建立一个圆形选区,如图 1-42 所示。单击"将路径载入选区"按钮,按 Delete 键删除,效果如图 1-43 所示。

图 1-42　创建圆形选区(1)　　　　图 1-43　创建圆形选区(2)

(5) 单击"文件"菜单→"置入嵌入的智能对象"命令,插入"11.jpg"素材文件,按"Ctrl+T"组合键调整素材的大小和位置,用鼠标右键单击素材图层,单击创建剪切蒙版,并选中素材图层,单击"创建图层样式"按钮,参数设置及效果如图 1-44 所示。

(6) 选中"素材"图层,使用橡皮擦工具,擦出想要的效果,参数设置如图 1-45 所示。

(7) 单击"直排文字工具"按钮 T,输入"书签","书签"图片的制作效果如图 1-46 所示。

项目 1　图形绘制

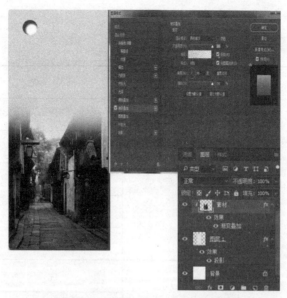

图 1-44　素材图层的参数设置及效果

图 1-45　橡皮擦工具参数设置

图 1-46　"书签"图片的制作效果

任务评价

班级	姓名	学号	评价内容	评价等级	成绩
			知识点	优	
				良	
				中	
				及格	
				不及格	
			技能点	优	
				良	
				中	
				及格	
				不及格	
			综合评定成绩		

任务1.3　画笔绘制

任务描述

本任务是制作"花边文字"图片。首先应用"定义画笔预设"命令，定义画笔的样式，其次应用渐变填充，填充背景，并运用"创建新的填充或调整图层"按钮，调整背景的样式；再运用文字工具输入文字，同时利用画笔工具为文字描边，制作出"花边文字"图片的最终效果。

1.3.1　案例制作效果（"花边文字"图片）

"花边文字"图片的制作效果如图1-47所示。

1.3.2　案例分析（"花边文字"图片）

如何制作一张"花边文字"图片呢？下面先带领读者进行知识的储备，然后实现案例的制作。

项目 1 图形绘制

图 1-47 "花边文字"图片的制作效果

1.3.3 相关知识讲解

在 Photoshop CC 中给指定的图像或选区填充颜色，有以下两种方式：利用工具填充（油漆桶工具、渐变工具）、利用"编辑"菜单中的"定义图案"命令填充。下面逐一介绍。

1.3.3.1 利用工具填充

1. 油漆桶工具

在 Photoshop CC 中进行纯色填充时，可以使用油漆桶工具，单击"油漆桶工具"按钮，在界面中就会出现"油漆桶工具"选项栏，如图 1-48 所示。

图 1-48 "油漆桶工具"选项栏

（1）填充内容：单击油漆桶图标右侧的按钮，可以在下拉列表中选择填充内容，包括"前景"和"图案"。下面用不同的填充内容填充选区，如图 1-49 所示。

图 1-49 用不同的填充内容填充选区
（a）前景色；（b）图案

（2）"模式"选项：用来设置填充内容的混合模式。下面以不同的混合模式填充选区，如图1-50所示。

图1-50　以不同的混合模式填充选区
（a）颜色加深；（b）正片叠加

（3）"不透明度"选项：不透明度是描述物质对辐射的吸收能力强弱的一种量，其值为0～100。

（4）"容差"选项：用来定义必须填充的像素的颜色相似程度，数值范围为0～255。

（5）"消除锯齿"选项：可以平滑填充选区的边缘。

（6）"连续的"选项：当选择该选项时，只填充与鼠标单击点相邻的像素；当取消勾选时，可填充图像中的所有相似像素。

（7）"所有图层"选项：当选择该选项时，表示基于所有可见图层中的合并颜色数据填充像素；当取消勾选时，则仅填充当前图层。

▶ **温馨小提示**

按"Alt+Delete"组合键可快速填充前景色，按"Ctrl+Delete"组合键可快速填充背景色。

2. 渐变工具

渐变工具在Photoshop CC中的应用非常广泛，它不仅可以填充图像，还能用来填充图层蒙版、快速蒙版和通道。此外，调整图层和填充图层也会用到渐变工具。渐变工具可以在整个文档中填充渐变颜色，也可以在选区内填充渐变颜色。

1）"渐变工具"选项

在Photoshop CC中进行渐变填充时，可以使用渐变工具，单击"渐变工具"按钮，界面中就会出现"渐变工具"选项栏，如图1-51所示。

图1-51　"渐变工具"选项栏

（1）渐变颜色条：渐变颜色条显示了当前的渐变颜色，单击它右侧的按钮，可以在下拉面板中选择一种渐变颜色，如图1-52所示。

（2）"模式"选项：用来设置应用渐变时的混合模式。

（3）"不透明度"选项：用来设置渐变效果的不透明度。

（4）"反向"选项：可转换渐变中的颜色顺序，得到反方向的渐变结果。

（5）"仿色"选项：当勾选该项时，可以使渐变效果更加平滑，主要用于防止打印时出现条带化现象，在屏幕上不能明显地体现出作用。

（6）"透明区域"选项：勾选该项时，可以创建包含透明像素的渐变；取消勾选时，则创建实色渐变。

（7）渐变类型：单击线性渐变按钮■，可创建以直线从起点到终点的渐变；单击径向渐变按钮■，可创建以圆形图案从起点到终点的渐变；单击角度渐变按钮■，可创建围绕起点的逆时针扫描方式渐变；单击对称渐变按钮■，可创建均衡的、线性的在起点任意一侧的渐变；单击菱形渐变按钮■，可创建以菱形方式从起点向外渐变，终点定义菱形的一个角。各渐变效果如图 1-53 所示。

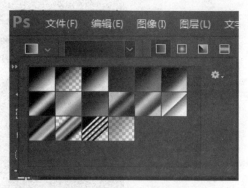

图 1-52　选择一种渐变颜色

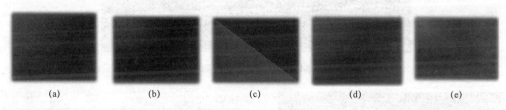

图 1-53　5 种渐变效果
（a）单击线性渐变；（b）径向渐变；（c）角度渐变；（d）对称渐变；（e）菱形渐变

2）渐变编辑器

单击渐变颜色条，会弹出"渐变编辑器"对话框，如图 1-54 所示，在"渐变编辑器"对话框中可以编辑渐变颜色，或者保存渐变。

（1）"预设"：是系统预置的渐变模式。

（2）"名称"：在文本框中输入自定义的渐变颜色名。

（3）"渐变类型"：有"实底"和"杂色"两个选项，若选择"实底"选项可自行添加或删除色块，而选择"杂色"选项则没有此功能。

（4）"平滑度"：用来设置各像素点之间的平滑程度，数值越大，渐变色越平滑，反则越粗糙。

① 设置"实底"渐变。

"实底"渐变可以根据用户的实际需求添加/删除色块，这样使填充的颜色更具有个性，也能表达用户的独创性。添加色块的方法是：当渐变编辑器的色块下出现"点按可添加色标"字样时，单击就可以添加色块，并在下面的"颜色"选项卡里设置色块的颜色，并且可以添加多个色块，如图 1-55 所示，当不需要时，往色块外的地方拖曳滑块即可删除。

② 设置"杂色"渐变。

"杂色"渐变包含在指定范围内随机分布的颜色，它的颜色变化效果更加丰富。当渐变编辑器的"渐变类型"下拉列表中选择"杂色"时，对话框中就会显示"杂色"渐变选项，如图 1-56 所示。

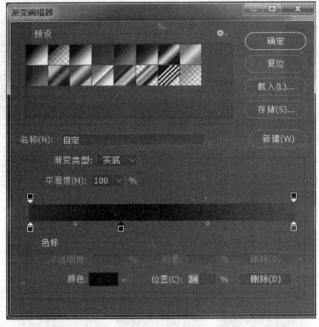

图 1-54 "渐变编辑器"对话框

图 1-55 "实底"渐变选项

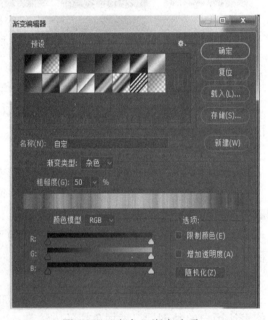

图 1-56 "杂色"渐变选项

　　a."粗糙度":用来设置渐变的粗糙程度,该值越大,颜色的层次越丰富,但颜色间的过渡越粗糙。

　　b."颜色模型":在下拉列表中可以选择一种颜色模型来设置渐变,每种颜色模型都有对应的颜色滑块,拖曳滑块即可调整渐变颜色。

　　c."限制颜色":将颜色限制在可以打印的范围内,以防止颜色过于饱和。

　　d."增加透明度":可以向渐变中添加透明像素。

e."随机化":每单击一次该按钮,就会随机生成一个新的渐变颜色。

备注:

在渐变编辑器中调整好一个渐变后,在"名称"选项中输入渐变的名称,单击"确定"按钮,可将其保存到渐变列表中。

1.3.3.2 利用"编辑"菜单中的"定义图案"命令填充

1. 定义图案

(1)打开一幅图片,单击"编辑"菜单→"定义图案"命令,弹出"图案名称"对话框,如图 1-57 所示。

图 1-57 "图案名称"对话框

(2)在打开的"图案名称"对话框中的"名称"输入框中输入名称,单击"确定"按钮即可。

2. 填充图案

(1)选择需要填充图案的区域,单击"编辑"菜单→"填充"命令,打开"填充"对话框,如图 1-58 所示。

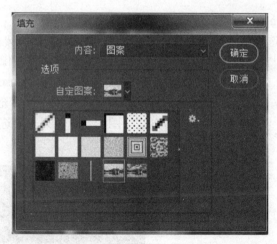

图 1-58 "填充"对话框

(2)在打开的"填充"对话框中,在"内容"选择框中,选择"图案"选项,在"自定图案"下拉列表中选择已定义过的图案,还可以设置模式及不透明度等。

例 1.3:"按钮"图片的制作。

操作步骤如下:

(1)单击"渐变工具"命令,在工具选项栏中单击渐变条,打开"渐变编辑器"对话框,设置需要的渐变颜色,如图 1-59 所示,其中,从左至右滑块的颜色依次为#97461a、#fbd8c5、

#6e3722、#efdbcd。

（2）新建一个 6 cm×3 cm 的文档，单击"渐变工具"选项栏中的"线性渐变"按钮，在文档中单击并拖动鼠标拉出一条直线，放开鼠标可创建渐变效果，如图 1-60 所示。

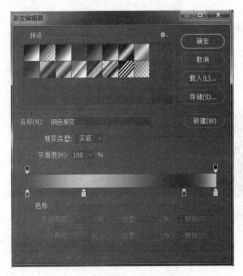

图 1-59　设置需要的渐变颜色

图 1-60　"按钮"图片的制作效果

例 1.4：蓝印花布图案的制作。

操作步骤如下：

（1）新建一个 2 cm×3 cm 的文档，背景色为蓝色（#OCO3BA），打开"项目 1"文件夹中的"12.jpg"图片，选择魔棒工具，把图片中的白色部分选中，按 Delete 键删除，再把去掉白色底色的图片拖到新建的文档中，按"Ctrl+T"组合键调整图像的大小。

（2）单击"编辑"菜单→"定义图案"命令，图像名称为"lanse"，如图 1-61 所示。

（3）新建一个 16 cm×16 cm 的文档，单击"编辑"菜单→"填充"命令，在打开的"填充"对话框中，选择"图案"选项，在"自定义图案"下拉列表中选择刚刚定义的图案，如图 1-62 所示。

图 1-61　定义"lanse"图案

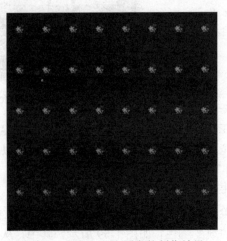

图 1-62　蓝色印花布图案的制作效果

1.3.4 案例实现（"花边文字"图片）

操作步骤如下：

（1）新建一个 230×230 像素大小的文档，单击"椭圆选框工具"按钮，并按 Shift 键，绘制一个正圆，填充颜色为红色，按"Ctrl+D"组合键取消选区，如图 1-63 所示。

（2）双击"背景"图层，使它转化为普通"图层 0"，添加图层样式为"渐变叠加"，参数设置如图 1-64 所示。

图 1-63 绘制圆形

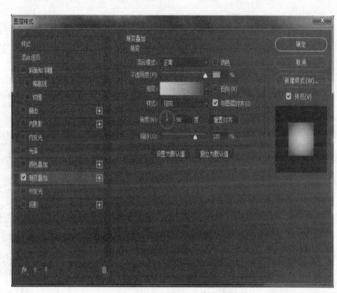

图 1-64 "渐变叠加"参数设置

（3）在"渐变叠加"样式中创建一个三色的渐变，左侧颜色为#e9e9e9，中间颜色为#b3b3b3，右侧颜色为#636363，中间的位置是 60%，如图 1-65 所示。完成编辑后，回到"图层"面板，填充渐变效果，如图 1-66 所示。

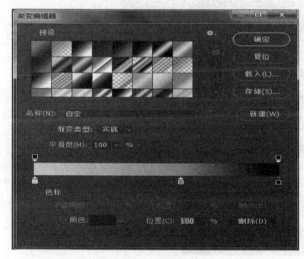

图 1-65 三色渐变设置

图 1-66 圆形渐变效果

（4）单击"编辑"菜单→"定义画笔预设"命令，自定义画笔，如图1-67所示。

图1-67　自定义画笔

（5）新建800×600像素的文档，前景色为#a6a301，背景色为#486024，从中心向四周创建一个径向渐变，如图1-68所示。打开"12.jpg"素材文件，将其拖到文档中，如图1-69所示。

图1-68　径向渐变　　　　　　　　图1-69　拖入素材文件后的效果

（6）选中"图层1"，单击"图像"菜单→"调整"→"色相/饱和度"命令，参数设置如图1-70所示，并把图层混合模式设置为"柔光"。

图1-70　"色相/饱和度"设置参数

（7）单击图层上面的"创建新的填充或调整图层"按钮，选择"色相/饱和度"命令，参数设置如图 1-71 所示。

图 1-71　设置后的效果及参数设置面板

（8）打开"14.jpg"素材文件，并将其拖到文档中，设置图层混合模式为"正片叠底"，如图 1-72 所示。

（9）单击"文字工具"按钮 T，字体为 Brie Light，大小为 320 点，颜色为 #6f500c，字体设置如图 1-73 所示，选中文字图层，添加图层样式"投影"，参数设置如图 1-74 所示。

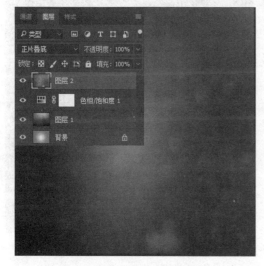

图 1-72　"正片叠底"效果

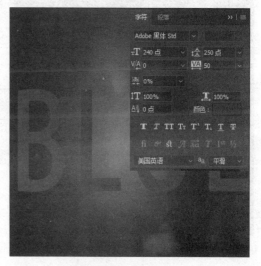

图 1-73　字体设置

图 1-74 "投影"参数设置

（10）单击"画笔工具"按钮，打开"画笔"面板，选择"样本画笔 1"选项，画笔笔尖形状如图 1-75 所示，"形状动态""散布""颜色动态"设置，如图 1-76、图 1-77、图 1-78 所示。

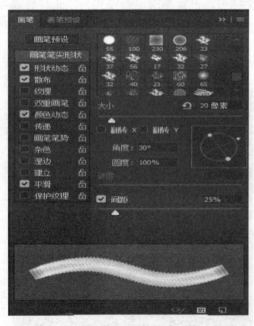

图 1-75　画笔笔尖形状

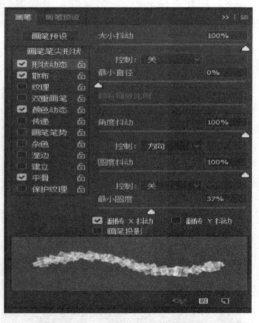

图 1-76　"形状动态"参数设置

项目1 图形绘制

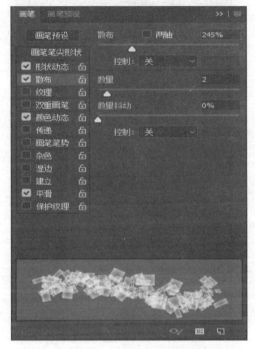 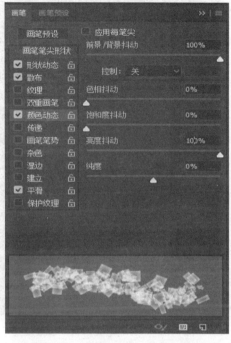

图1-77 "散布"参数设置　　　　　　图1-78 "颜色动态"参数设置

（11）选中文字图层，单击鼠标右键，选择"创建工作路径"命令，如图1-79所示。新建一个图层，设置前景色为#a7a400，背景色为#5a5919，使用画笔描边路径，如图1-80所示。

图1-79 创建文字路径　　　　　　图1-80 使用画笔描边路径

（12）单击"画笔工具"按钮，选择其中的喷溅笔刷，"画笔笔尖形状""形状动态""散布""颜色动态"参数设置如图1-81、图1-82、图1-83、图1-84所示。

- 33 -

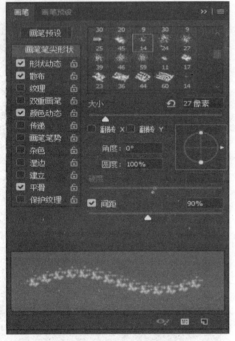

图 1-81 "画笔笔尖形状"参数设置

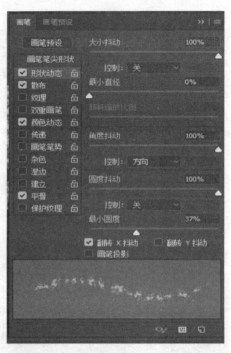

图 1-82 "形状动态"参数设置

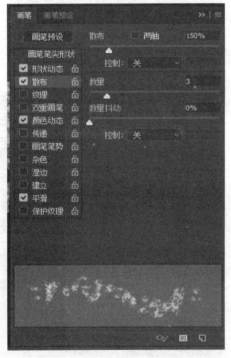

图 1-83 "散布"参数设置

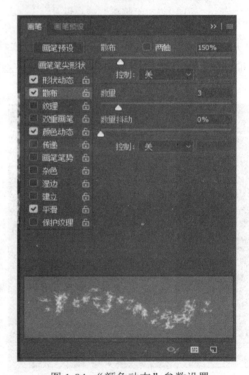

图 1-84 "颜色动态"参数设置

（13）新建图层，设置前景色为#f49e9c，背景色为#df0024，单击画笔，为文字描边，并设置图层混合模式为"颜色减淡"，效果如图 1-85 所示。

项目 1　图形绘制

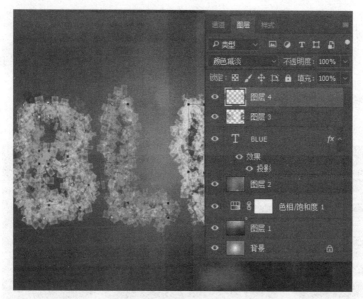

图 1-85　用画笔再次描边的效果

（14）在文字图层下面新建一个图层。设置前景色为#a7a400，单击画笔，选择柔角笔刷在文字轮廓周围涂抹，并设置图层混合模式为"叠加"，最后效果如图 1-86 所示。

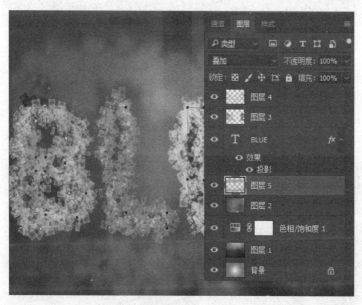

图 1-86　"花边文字"的制作效果

▶ 温馨小提示

（1）定义画笔预设时，文档不要太大。

（2）在背景的制作过程中，要运用图层的混合模式，这样可以使几张素材图片很好地融合在一起，背景更丰富。

（3）渐变填充时，起点和终点的位置不同，渐变的外观也会随之变化。

1.3.5 案例拓展

根据"15.jpg"素材文件，如何通过创建工作路径实现"皮革文字"图片的制作呢？同学边讨论边做，教师加以指导。

1.3.5.1 制作效果（"皮革文字"图片）

"皮革文字"图片的制作效果如图 1-87 所示。

图 1-87 "皮革文字"图片的制作效果

1.3.5.2 制作实现（"皮革文字"图片）

操作步骤如下：

（1）打开"15.jpg"素材文件，单击"图像"菜单→"调整"→"曲线"命令，参数设置如图 1-88 所示。

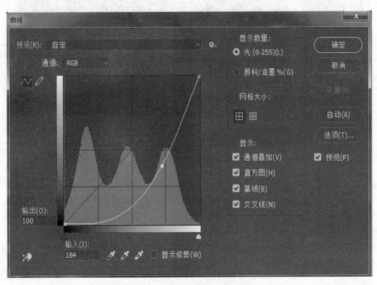

图 1-88 "曲线"参数设置

（2）单击"文字工具"按钮，输入"PS"，字体为 Cambria Regular，字号为 600 点，设置文字图层的样式为"斜面与浮雕"，双击纹理，加载纹理图案，如图 1-89 所示，其效果如图 1-90 所示。

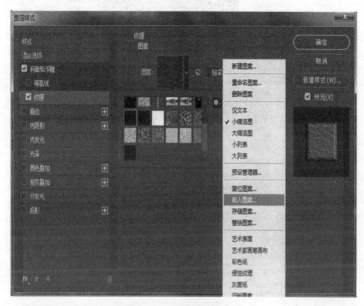

图 1-89　加载纹理图案

图 1-90　载入纹理图案的效果

（3）选中文字图层，单击鼠标右键，选择"创建工作路径"命令，新建图层，单击画笔，在"画笔工具"选项栏中选择画笔样式，载入"缝线画笔"，对文字描边，其效果如图 1-91 所示。

（4）选中文字图层，设置图层样式为"斜面和浮雕""内阴影""内发光""投影"，参数设置都为默认值,"皮革文字"图片的制作效果如图 1-87 所示。

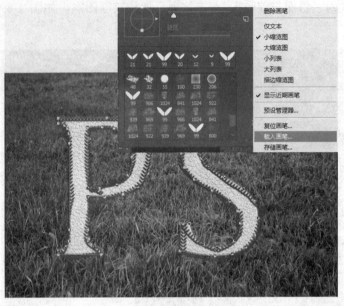

图 1-91　缝线画笔描边效果

 任务评价

班级	姓名	学号	评价内容	评价等级	成绩
			知识点	优	
				良	
				中	
				及格	
				不及格	
			技能点	优	
				良	
				中	
				及格	
				不及格	
			综合评定成绩		

任务 1.4　路径绘制

任务描述

本任务是制作"广汽三菱车标"图片。首先应用钢笔工具绘出菱形，利用路径面板工具载入选区，再利用图层的复制，制作出"广汽三菱车标"图片。

1.4.1　案例制作效果（"广汽三菱车标"图片）

"广汽三菱车标"图片的制作效果如图 1-92 所示。

图 1-92　"广汽三菱车标"图片的制作效果

1.4.2　案例分析（"广汽三菱车标"图片）

如何制作一张"广汽三菱车标"图片呢？下面先带领读者进行知识的储备，然后实现案例的制作。

1.4.3　相关知识讲解

1.4.3.1　路径描边

路径在 Photoshop CC 中只起桥梁的作用，给路径描边，路径就变成真正的位图图像并显示在"图层"面板中。

1. 画好选区的"工作路径"描边

打开一个画好选区的文件，打开"路径"面板，在"路径"面板中单击"将选区生成工作路径"按钮　，选择工作路径并单击鼠标右键，弹出图 1-93 所示的快捷菜单，在弹出菜单中选择"描边路径"选项，这时会弹出图 1-94 所示的"描边路径"对话框。

图 1-93　"工作路径"快捷菜单

图 1-94　"描边路径"对话框

（1）"模拟压力"选项：定义了描边的效果，图 1-95 所示是勾选和不勾选"模拟压力"选项时的对比效果。

（2）"工具"选项："工具"选项的下拉列表中有描边的工具，如图 1-96 所示，系统会自动利用各工具的当前设置对路径描边。最常用的是选择"画笔"选项对路径描边。

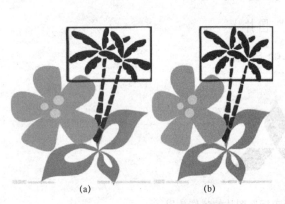

图 1-95 勾选和不勾选"模拟压力"选项的对比效果
(a) 不勾选；(b) 勾选

图 1-96 "工具"选项的下拉列表

2. 利用钢笔工具对工作路径描边

操作方法如下：

（1）新建一个图层，单击"钢笔工具"按钮 ，并根据需求绘制想要的路径。

（2）单击"画笔工具"按钮 ，设置画笔的大小、硬度及其他参数，并选择前景色，如图 1-97 所示。

（3）单击"路径"面板，选择工作路径并单击鼠标右键，在弹出的菜单中选择"描边路径"选项，在此面板中选择"画笔"描边，最后的效果如图 1-98 所示。

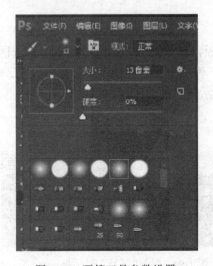

图 1-97 画笔工具参数设置

图 1-98 选择"画笔"选项描边的效果

1.4.3.2 形状绘制

Photoshop CC 的形状工具包括矩形工具、椭圆工具、多边形工具、自定形状工具和直线工具。

1. 矩形工具

矩形工具用于在文档中创建矩形路径，其选项栏如图 1-99 所示。在选项栏中，可以设置矩形的大小、位置、填充颜色、线条宽度、线型、线条对齐方式、线条端点及圆角半径等。

图 1-99　"矩形工具"选项栏

2. 椭圆工具

椭圆工具用于在文档中创建圆形或椭圆形的路径，其选项栏的设置和矩形工具相似。

3. 多边形工具

多边形工具用于在文档中创建正多边形或星形的路径，其选项栏如图 1-100 所示。

（1）平滑拐角和平滑缩进：用平滑拐角或平滑缩进渲染多边形。

（2）星形：表示创建星形的多边形路径。以边数 5 为例，设置多边形选项后的各种情况如图 1-101 所示。

图 1-100　"多边形工具"选项栏

图 1-101　多边形工具应用效果

4. 自定形状工具

自定形状工具用于在文档中创建固定形状的路径。选择自定形状工具之后，在画布上单击鼠标右键，可以在弹出的图 1-102 所示的自定形状工具的形状框中选择固定的形状创建路径。单击该面板右上角的按钮，可以载入更多形状。

图 1-102　自定形状工具的形状框

5. 直线工具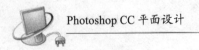

直线工具主要用于在文档中创建线段或箭头形状的路径,其选项栏如图 1-103 所示。

图 1-103 "直线工具"选项栏

(1)用箭头渲染直线:选择起点、终点或两者,指定在直线的哪一端渲染箭头。

(2)箭头的宽度值和长度值:以直线宽度的百分比指定箭头的比例(宽度值为 10%~1 000%,长度值为 10%~5 000%)。

(3)输入箭头的凹度值(-50%~+50%):凹度值定义箭头最宽处(箭头和直线在此相接)的曲率。

1.4.3.3 文字与路径

文字工具 也属于路径工具的范畴,与路径有直接的关系。文字图层可以转化为路径,也可以转化为形状图层,也就是说可以通过转换将文字图层变为路径进行编辑修改。

选择文字工具,单击后输入文字,可自动生成文字图层,如图 1-104 所示,单击"文字"菜单→"创建工作路径"命令,可以将文字图层转换为工作路径,如图 1-105 所示,单击"文字"菜单→"转换为形状"命令,可以将文字图层转换为形状,如图 1-106 所示。

图 1-104 文字图层

图 1-105 将文字图层转换为路径

图 1-106 将文字图层转化为形状

例 1.5:"飘带"图片的制作。

操作步骤如下:

(1)选择钢笔工具,选择绘制方式为"路径",绘制一条 S 形的路径,如图 1-107 所示。

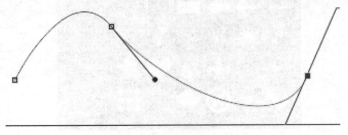

图 1-107 绘制 S 形的路径

项目 1　图形绘制

（2）选择画笔工具，按 F5 键打开"画笔"面板，如图 1-108 所示。设置"画笔笔尖形状"，画笔笔尖为圆形，直径为 19 像素，角度为 26°，圆度为 0%，硬度为 100%，间距为 25%。

（3）新建一个图层，再切换到"路径"面板，在工作路径上单击鼠标右键，在弹出的菜单中选择"描边路径"选项，在此面板中选择"画笔"选项描边，勾选"模拟压力"选项。"飘带"图片的制作效果如图 1-109 所示。

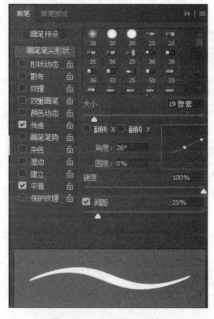
图 1-108　"画笔"面板

图 1-109　"飘带"图片的制作效果

例 1.6："BT"文字标志的制作。

操作步骤如下：

（1）单击文本工具，在文档中输入"BT"，并设置字体为 Segoe Script，字号为 85。

（2）单击"文字"菜单→"转化为形状"命令，即把文字图层转化为形状，如图 1-110 所示。

（3）选择直接选择工具，拖动"B"的上、下两个节点，移动它们的位置，效果如图 1-111 所示。

图 1-110　将文字图层转化为形状

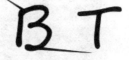
图 1-111　变形后的"BT"

（4）打开"样式"面板，单击面板右上角的按钮，在弹出的下拉菜单中选择"Web 样式"选项，将该样式追加进来，如图 1-112 所示，选择"Web 样式"选项中的"蓝色凝胶"按钮，得到图 1-113、图 1-114 所示的不同样式的效果。

- 43 -

图1-112 追加"Web样式"

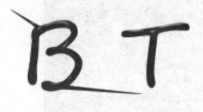
图1-113 "蓝色凝胶"样式

图1-114 不同样式的效果

1.4.4 案例实现("广汽三菱车标"图片)

操作步骤如下:

(1)新建1 000×1 000像素的文档,参数设置如图1-115所示。

图1-115 创建新文档

（2）单击"视图"菜单→"显示"→"网格"命令，把网格显示出来，新建图层 1，选择钢笔工具，描绘出一个菱形，效果如图 1-116 所示。

（3）打开"路径"面板，单击"将路径作为选区载入"按钮，将前景色设置为 # ff0000，按"Alt+Delete"组合键进行填充，按"Ctrl+D"组合键取消选取，效果如图 1-117 所示。

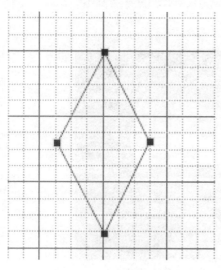

图 1-116　绘制菱形

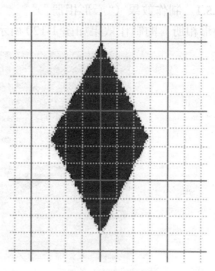

图 1-117　填充菱形

（4）选中"图层 1"，按"Ctrl+J"组合键复制两个图层，选中"图层 1 副本"，按"Ctrl+T"组合键进行旋转，效果如图 1-118 所示，"图层 1 副本"同理，"广汽三菱车标"图片的制作效果如图 1-119 所示。

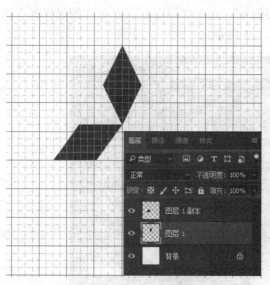

图 1-118　旋转图层后的效果

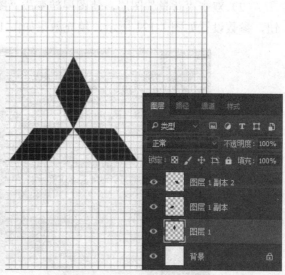

图 1-119　"广汽三菱车标"的制作效果

▶ 温馨小提示

在按住 Alt 键的同时单击画笔描边按钮，也会弹出"描边路径""对话框。

1.4.5 案例拓展

根据"16.jpg"素材文件，如何制作一个"心形相册"呢？同学边讨论边做，教师加以指导。

1.4.5.1 制作效果（"心形相册"）

"心形相册"的制作效果如图 1-120 所示。

图 1-120 "心形相册"的制作效果

1.4.5.2 制作实现（"心形相册"）

操作步骤如下：

（1）新建 1 000×1 000 像素的文档，背景色为白色。

（2）双击"背景"图层，使图层转变成"图层 0"，选中"图层 0"，单击"图层样式"按钮，参数设置如图 1-121 所示，填充效果如图 1-122 所示。

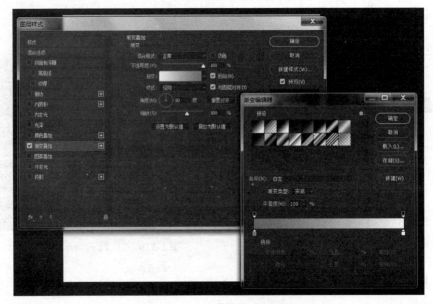

图 1-121 图层样式参数设置

（3）新建一个图层，命名为"形状 1"，单击"自定形状工具"按钮单击"自定形状工具"选项栏中的"形状"选项，会打开"自定形状"对话框，如图 1-123 所示，选择心形，在图片正中间画出一颗心的形状，单击"将路径作为选区载入"按钮，设置填充颜色为灰色，效果如图 1-124 所示。

图 1-122　填充效果　　　　　　　　　图 1-123　"自定形状"对话框

（4）插入"16.jpg"素材文件，调整图片，使人物在心形的正中间，单击"添加矢量蒙版"按钮，在按 Ctrl 键的同时，单击蒙版缩略图，建立心形选区，单击"选择"菜单→"反选"命令，把其填充为黑色，效果如图 1-125 所示。

图 1-124　绘制心形的效果　　　　　　图 1-125　添加矢量蒙版后的效果

（5）按"Ctrl+D"组合键，取消选取，单击"文本工具"按钮，输入"心连心"，按"Ctrl+T"组合键，旋转方向，并放到合适的位置，单击"文字"菜单→"文字变形"命令，设置文字形状为"下弧"，参数设置及"心形画册"的制作效果如图 1-126 所示。

图 1-126　参数设置及"心形相册"的制作效果

 任务评价

班级	姓名	学号	评价内容	评价等级	成绩
			知识点	优	
				良	
				中	
				及格	
				不及格	
			技能点	优	
				良	
				中	
				及格	
				不及格	
			综合评定成绩		

项目 1　图形绘制

任务1.5　图形特效的制作

任务描述

本任务是制作"红色按钮"图片。首先应用椭圆选框工具制作正圆，再添加图层样式，通过复制图层，对正圆进行缩放，然后制作一个中心的小正圆，对小正圆进行图层样式的添加，达到预期的效果。

1.5.1　案例制作效果（"红色按钮"图片）

"红色按钮"图片的制作效果如图 1-27 所示。

图 1-127　"红色按钮"图片的制作效果

1.5.2　案例分析（"红色按钮"图片）

如何制作一张"红色按钮"图片呢？下面先带读者进行知识的储备，然后实现案例的制作。

1.5.3　相关知识讲解

图层样式也叫图层效果，它可以为图层中的图像、文字等组合元素添加投影、发光、浮雕和描边等效果，创建具有真实质感的水晶、玻璃、金属和纹理等特效。图层样式可以随时修改、隐藏或删除，具有非常强的灵活性。此外，使用系统预设的样式或者载入外部样式，只需单击鼠标便可以将效果应用于图像上，非常便利。

如果要为图层添加样式，可以先选择这一图层，然后双击需要添加效果的图层，打开"图层样式"对话框。对话框的左侧列出了 10 种效果，效果名称前面的复选框内有"√"标记，表示在图层中添加了该效果。单击某个效果前面的"√"标记，则可以停用该效果，但保留参数。单击一个效果的名称，可以选中该效果，对话框的右侧会显示与之对应的选项。

1.5.3.1　渐变叠加

"渐变叠加"效果可以在图层上叠加指定的渐变颜色，图 1-128 所示为"渐变叠加"参数选项。

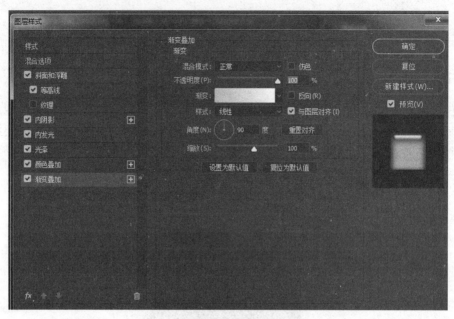

图 1-128 "渐变叠加"参数选项

（1）"渐变"选项：用来设置渐变颜色，单击下拉框可以打开渐变编辑器，单击下拉框的下拉按钮可以在预设的渐变颜色中进行选择。

（2）"反向"选项：用来将渐变颜色的起始颜色和终止颜色对调。

（3）"样式"选项：用来设置渐变的类型，包括"线性""径向""对称"和"菱形"等类型。

（4）"缩放"选项：用来截取渐变颜色的特定部分作用于虚拟层上，其值越大，所选取的渐变颜色的范围越小，反之则范围越大。图 1-129 所示为原图像与添加渐变叠加后图像的对比。

(a)   (b)

图 1-129 添加"渐变叠加"前、后的效果对比
(a) 原图；(b) 添加效果后

1.5.3.2 外发光

"外发光"效果可以沿图层内容的边缘向外创建发光效果，图 1-130 所示为"外发光"参

数选项。默认混合模式是"滤色",如果背景层设置为白色,那么不论怎样设置"外发光"效果,它都无法显示出来。要想在白色背景层的内容上看到外发光效果,必将混合模式设置为"滤色"以外的其他模式。

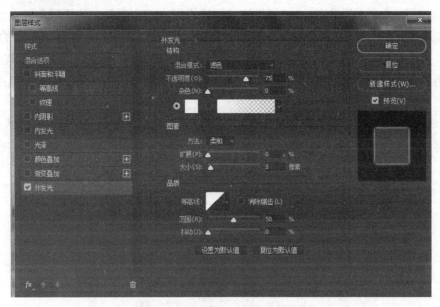

图 1-130 "外发光"参数选项

(1)"混合模式"/"不透明度"选项:"混合模式"选项用来设置"外发光"效果与下面图层的混合方式;"不透明度"选项用来设置"外发光"效果的不透明度,该值越小,发光效果越弱。

(2)"杂色"选项:在发光效果中添加随机的杂色,可使光晕呈现颗粒感。

"杂色"选项下面的颜色块和颜色条用来设置发光颜色。如果要创建单色发光,可单击左侧的颜色块，在打开的拾色器中设置发光颜色;如果要创建渐变发光,可单击右侧的渐变条，在渐变编辑器中设置渐变颜色。图 1-131 所示为渐变发光与单色发光效果对比。

(a)   (b)

图 1-131 渐变发光与单色发光效果对比
(a) 渐变发光;(b) 单色发光

(3)"方法"选项：用来设置发光的方法，以控制发光的准确程度。方法的设置值有"柔和"与"精确"，一般用"柔和"就足够了，"精确"用于一些发光较强的对象，或者棱角分明、反光效果比较明显的对象。

(4)"扩展"/"大小"选项："扩展"选项用于设置光芒中有颜色的区域和完全透明的区域之间的渐变速度；"大小"选项用来设置光晕范围。"扩展"设置的效果和颜色中的"渐变"设置以及"大小"设置都有直接的关系，3个选项是相辅相成的。如果"扩展"设置为0，光芒的渐变是和颜色设置中的渐变同步的，如果"扩展"设置为40%，光芒的渐变速度则要比颜色设置中的快。

(5)"等高线"选项：使用等高线可以控制外发光的形状。如果使用纯色作为发光颜色，可通过等高线创建透明光环；使用渐变填充发光时，等高线可以创建渐变颜色和不透明度的重复变化。图1-132所示为不同发光等高线设置效果。

图1-132　不同发光等高线设置效果
(a)渐变发光等高线设置；(b)单色发光等高线设置

(6)"范围"选项：用来设置等高线对光芒的作用范围，也就是说对等高线进行缩放，截取其中的一部分作用于光芒。调整"范围"选项和重新设置一个新等高线的作用是一样的，不过当需要特别陡峭或者特别平缓的等高线时，使用"范围"选项对等高线进行调整可以更加精确。

(7)"抖动"选项：用来为光芒添加随意的颜色点，为了使"抖动"的效果能够显示出来，光芒至少应该有两种颜色。如将颜色设置为黄色、蓝色渐变，然后加大"抖动"值，则可以看到光芒的蓝色部分中出现了黄色的点，黄色部分中出现了蓝色的点。

1.5.3.3　描边

"描边"效果可以使用颜色、渐变或图案描画对象的轮廓，它对于硬边形状（如文字等）特别有用，图1-133所示为"描边"参数选项。

1.5.3.4　斜面和浮雕

"斜面和浮雕"效果可以对图层添加高光与阴影的各种组合，使图层内容呈现立体的浮雕效果，"斜面和浮雕"参数选项如图1-134所示。

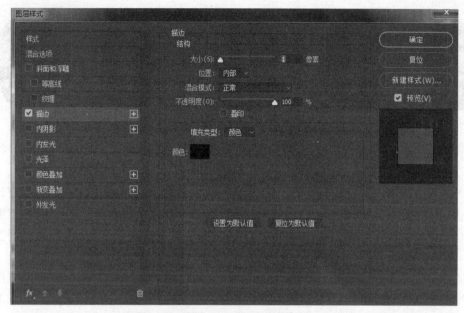

图 1-133 "描边"参数选项

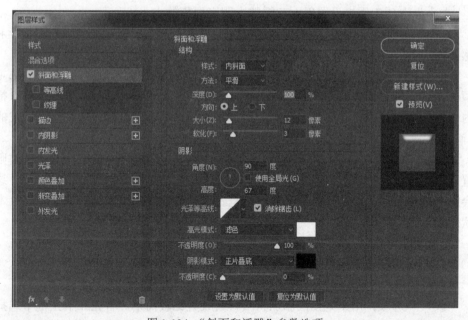

图 1-134 "斜面和浮雕"参数选项

（1）"样式"选项：在该选项下拉列表中可以选择斜面和浮雕的样式。选择"外斜面"，可以在图层内容的外侧边缘创建斜面；选择"内斜面"，可以在图层内容的内侧边缘创建斜面；选择"浮雕效果"，可模拟图层内容相对于下层图层呈浮雕状的效果；选择"枕状浮雕"，可模拟图层内容的边缘压入下层图层中产生的效果；选择"描边浮雕"可将浮雕应用于图层描边效果的边界。图 1-135 所示为各种浮雕样式效果。

图 1-135　各种浮雕样式效果
(a) 内斜面；(b) 外斜面；(c) 浮雕效果；(d) 枕状雕效果；(e) 描边浮雕

（2）"方法"选项：该选项包括"平滑""雕刻柔和"和"雕刻清晰"等内容。"平滑"是默认值，选中这个值可以对斜角的边缘进行模期，从而制作出边缘光滑的高台效果；"雕刻柔和"是一个折中的值，产生一个比较粗精的斜面效果；"雕刻清新"产生一个比较光滑的斜面效果。

（3）"深度"选项：用来设置浮雕斜面的深度，该值越大，浮雕的立体感越强。"深度"必须和"大小"配合使用，在"大小"一定的情况下，用"深度"可以调整高台的截面梯形斜边的光滑程度。

（4）"方向"选项：定位光源角度后，可通过该选项设置高光和阴影的位置。

（5）"大小"选项：用来设置斜面和浮雕中阴影面积的大小。

（6）"软化"选项：一般用来对整个效果进行进一步的模糊，使对象的表面更加柔和，减少棱角感。

（7）"角度"/"高度"选项："角度"选项用来设置光源的照射角度，"高度"选项用来设置光源的高度。需要调整这两个参数时，可以在相应的文本框中输入数值，也可以拖曳圆形图标内的指针来进行操作。如果勾选"使用全局光"选项，则可以让所有浮雕样式的光照角度保持一致。

（8）"等高线"选项：斜面和浮雕样式中的等高线容易让人混淆，除了在对话框右则有等高线设置外，在对话框左侧也有等高线设置。对话框右侧的等高线是"光泽等高线"，这个等高线只会影响虚拟的高光层和阴影层。而对话框左侧的等高线则用来为对象（图层）本身赋予条纹状效果。

（9）"消除锯齿"选项：可以消除设置光泽等高线所产生的钢齿。

（10）"高光模式"选项：用来设置高光的混合模式、颜色和不透明度。

（11）"阴影模式"选项：用来设置阴影的混合模式、颜色和不透明度。

（12）"纹理"选项：用来为图层添加材质，其设置比较简单。首先在下拉框中选择"纹理"选项，然后对纹理的应用方式进行设置。

1.5.3.5　投影

"投影"效果可以为图层内容添加投影，使其产生立体感。"投影"参数设置如图 1-136 所示。

（1）"混合模式"选项：用来设置投影与下面图层的混合方式，默认为"正片叠底"模式。

（2）"不透明度"选项：拖曳滑块或输入数值可以调整投影的不透明度，该值越小，投影越淡。

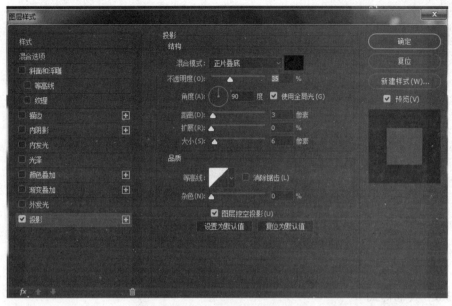

图 1-136 "投影"参数设置

（3）"角度"选项：用来设置投影应用于图层时的光照角度，可在文本框中输入数值，也可以拖曳圆形内的指针来进行调整。指针指向的方向为光源的方向，相反方向为投影的方向。

（4）"使用全局光"选项：可保持所有光照的角度一致。取消勾选时可以为不同的图层分别设置光照角度。

（5）"距离"选项：用来设置投影偏移图层内容的距离，该值越大，投影越远。

（6）"等高线"选项：用来对阴影部分进行进一步的设置，等高线的高处对应阴影上的暗圆环，低处对应阴影上的亮圆环，可以将其理解为"剖面图"。

（7）"消除锯齿"选项：混合等高线边缘的像素，使投影更加平滑。该选项对于尺寸小且具有复杂等高线的投影最有用。

（8）"大小"/"扩展"选项："大小"选项用来设置投影的模糊范围，该值越大，模糊范围越广，该值越小，投影越清晰。"扩展"选项用来设置投影的扩展范围，该值会受到"大小"选项的影响，例如，将"大小"选项设置为 0 像素后，无论怎样调整"扩展"选项的值，都只生成与图大小相同的投影。设置不同参数的"投影"效果如图 1-137 所示。

图 1-137 设置不同参数的"投影"效果

(9)"图层挖空投影"选项：用来控制半透明图层中投影的可见性。选择该选项后，如果当前图层的填充不透明度小于100%，则半透明图层中的投影不可见，勾选和不勾选"图层挖空投影"选项的效果如图1-138所示。

图1-138　勾选和不勾选"图层挖空投影"选项的效果
(a)勾选；(b)不勾选

1.5.3.6　其他样式

1. 内阴影

"内阴影"效果可以在紧靠图层内容的边缘内添加阴影，使图层内容产生凹陷效果。"内阴影"效果的很多选项设置和投影效果是一样的，"内阴影"效果如图1-139所示。

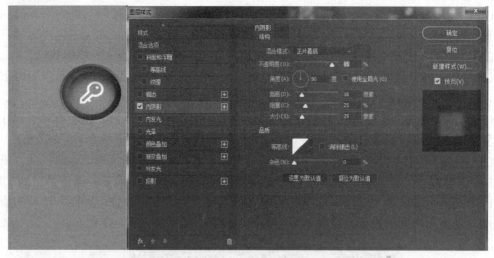

图1-139　"内阴影"效果

2. 内发光

"内发光"效果可以沿图层内容的边缘向内创建发光效果，"内发光"效果的很多选项和"外发光"效果是一样的，这里不再作具体介绍。"内发光"效果如图1-140所示。

3. 光泽

"光泽"效果可以生成光滑的内部阴影，通常用来创建金属表面的光泽外观。该效果没有特别选项，但可以通过选择不同的等高线来改变光泽的样式。图像填充光泽后的效果如图1-141所示。

项目 1　图形绘制

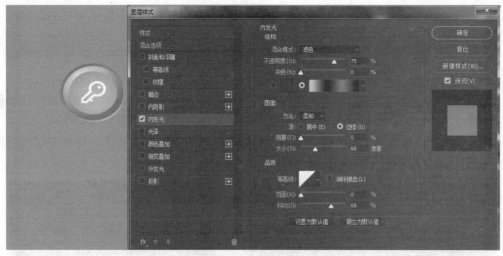

图 1-140　"内发光"效果

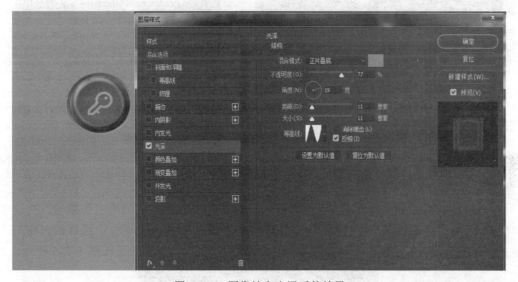

图 1-141　图像填充光泽后的效果

4. 颜色叠加

"颜色叠加"效果可以在图层上叠加指定的颜色，通过设置颜色的混合模式和不透明度，可以控制叠加效果。

5. 图案叠加

"图案叠加"效果可以在图层上叠加指定的图案，并且可以缩放图案、设置图案的不透明度和混合模式。

1.5.3.7　"样式"面板

"样式"面板用来保存、管理和应用图层样式，如图 1-142 所示。

如果要将效果创建为样式，可以在"图层"面板中选择添加了效果的图层，然后单"样式"面板中的"创

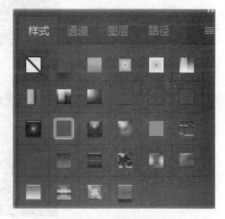

图 1-142　"样式"面板

- 57 -

建新样式"按钮，设置参数选项并单击"确定"按钮。将"样式"面板中的一个样式拖曳到"删除样式"按钮上，即可将其删除。

例 1.7："绚丽彩字"的制作。

操作步骤如下：

（1）新建 16 cm×16 cm 的文档，分辨率为 72，背景颜色为红色。单击横排文字工具，在"字符"面板中设置字体和大小，在画面中单击并输入文字，如图 1-143 所示。

（2）选中文字图层，打开"图层样式"对话框，添加"投影"效果，将投影颜色设置为深蓝，如图 1-144 所示。

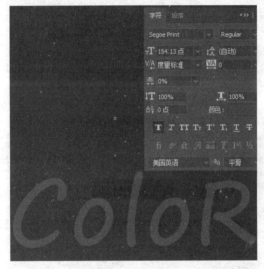
图 1-143　输入文字

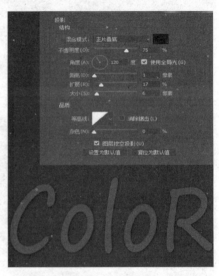
图 1-144　为文字添加"投影"效果

（3）在左侧列表中选择"渐变叠加"选项。单击渐变颜色条右侧的三角按钮，打开"渐变"下拉面板，在面板菜单中选择"载入渐变"命令，在弹出的对话框中选择素材中的"彩条渐变"样式，将角度设置为 –152°，将缩放设置为 150%，文字效果如图 1-145 所示。

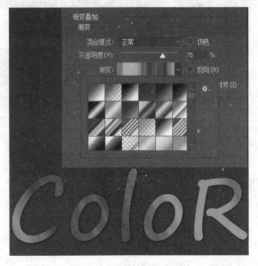
图 1-145　为文字添加"渐变叠加"效果

(4)为文字添加"内阴影""内发光"效果,如图1-146和图1-147所示。

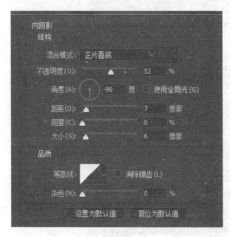

图1-146 为文字添加"内阴影"效果

图1-147 为文字添加"内发光"效果

(5)继续为文字添加"斜面和浮雕"效果,如图1-148所示。

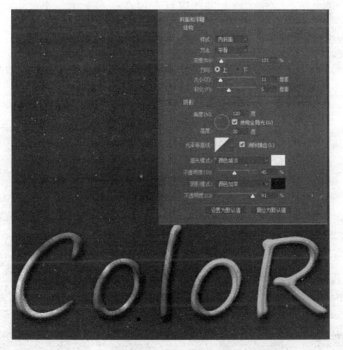

图1-148 为文字添加"斜面和浮雕"效果

1.5.4 案例实现("红色按钮"图片)

操作步骤如下:

(1)新建1 000×1 000像素的文档,参数设置如图1-149所示。

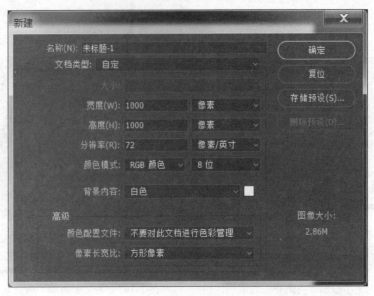

图 1-149 新建文档

图 1-150 绘制一个正圆

（2）新建图层，命名为"椭圆 1"，单击椭圆选框工具，按 Shift 键，拖动鼠标左键在画布上画一个红色的正圆，如图 1-150 所示。

（3）选中"椭圆 1"图层，单击"添加图层样式"按钮，为图层添加"斜面和浮雕""外发光""投影"效果，其参数设置如图 1-151、图 1-152、图 1-153 所示。

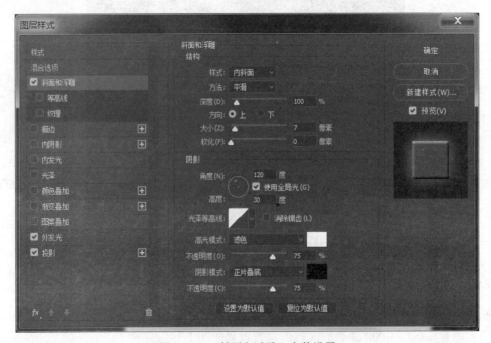

图 1-151 "斜面和浮雕"参数设置

项目 1 图形绘制

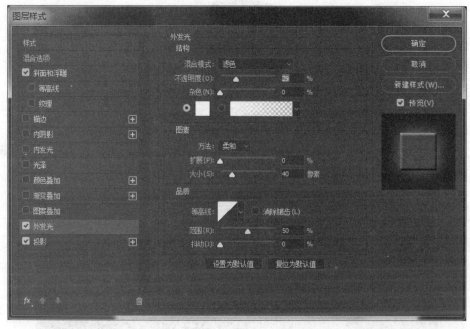

图 1-152 "外发光"参数设置

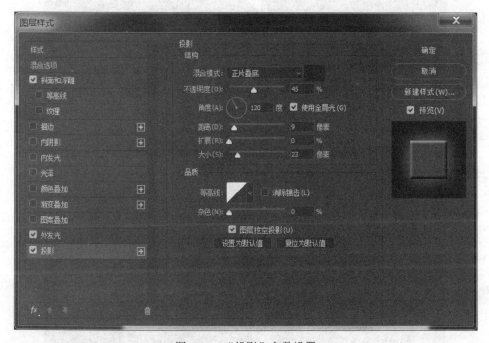

图 1-153 "投影"参数设置

（4）选中"椭圆 1"图层，复制图层为"椭圆 1 拷贝"图层。单击"椭圆 1"图层前面的隐藏图标 ，隐藏"椭圆 1"图层，选中"椭圆 1 拷贝"图层，按"Ctrl+T"组合键，进行同比例缩小，效果如图 1-154 所示。

- 61 -

图 1-154 同比例缩小后的效果

（5）选中"椭圆 1"图层，单击"添加图层样式"按钮，为图层添加"斜面和浮雕""外发光""投影"效果，其参数设置如图 1-155、图 1-156、图 1-157 所示。

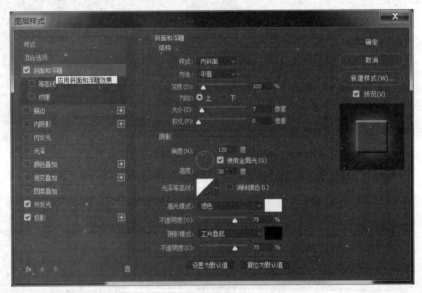

图 1-155 "斜面和浮雕"参数设置

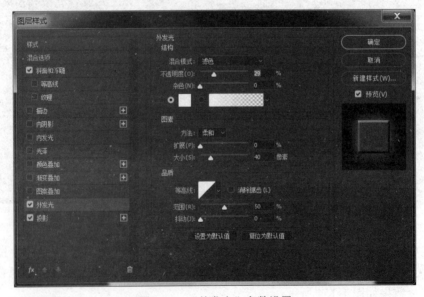

图 1-156 "外发光"参数设置

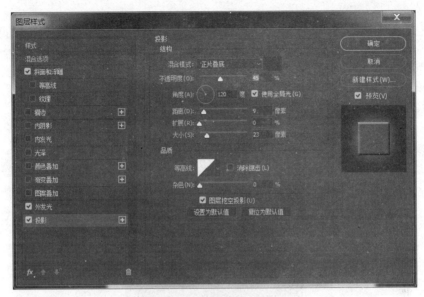

图 1-157 "投影"参数设置

（6）单击"椭圆 1"图层前面的隐藏按钮 ，显示"椭圆 1"图层，"红色按钮"图片的最终效果如图 1-158 所示。

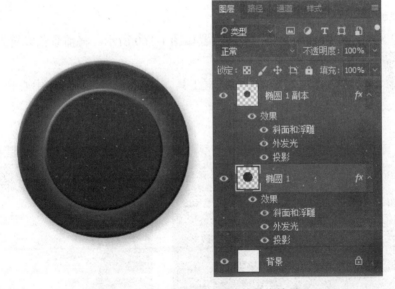

图 1-158 "红色按钮"图片的最终效果

▶▶ 温馨小提示

图层的按钮 ：   "眼睛"睁开，表示显示图层；"眼睛"闭上，表示隐藏图层。
图层的按钮 ：单击它，图层锁上，再单击它，图层处于可以编辑的状态。
如果要使用"描边浮雕"样式，需要先为图层添加"描边"效果才行，否则看不到"描边浮雕"效果。

1.5.5 案例拓展

如何制作"音乐按钮"图片呢？同学边讨论边做，教师加以指导。

1.5.5.1 制作效果（"音乐按钮"图片）

"音乐按钮"图片的制作效果如图 1-159 所示。

图 1-159 "音乐按钮"图片的制作效果

1.5.5.2 制作实现（"音乐按钮"图片）

操作步骤如下：

（1）新建 800×800 像素的文档，参数设置如图 1-160 所示。将前景色设置为#8c8c8c，按"Alt+Delete"组合键进行填充。

（2）新建"椭圆 1"图层，单击椭圆选框工具，按 Shift 键，在画布中心画一个正圆，填充颜色为#eeeeee，效果如图 1-161 所示。

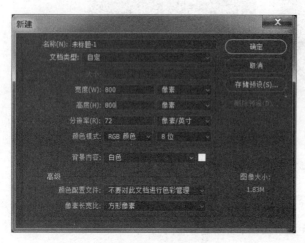

图 1-160 新建文档

图 1-161 画一个正圆

（3）选中"椭圆 1"图层，单击"添加图层样式"按钮，添加"斜面和浮雕""内发光""渐变叠加""投影"图层样式，其参数设置及效果如图 1-162～图 1-166 所示。

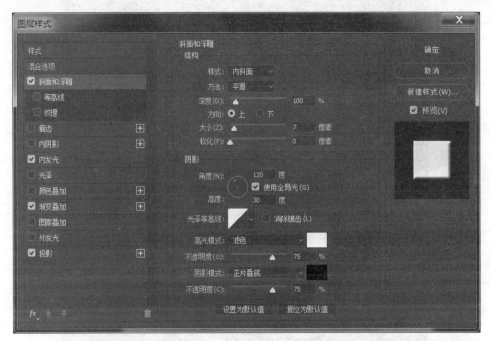

图 1-162 "斜面和浮雕"参数设置

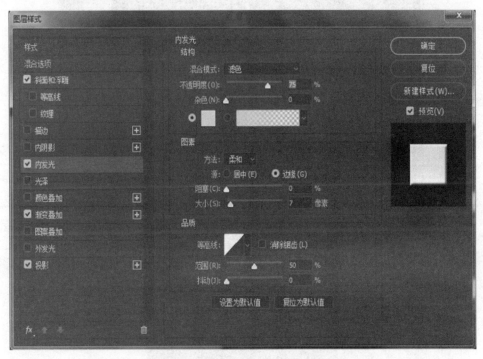

图 1-163 "内发光"参数设置

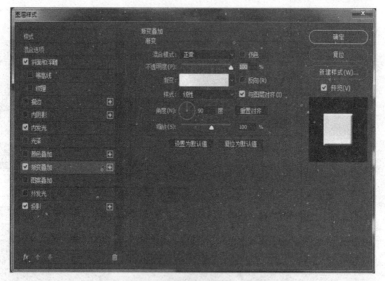

图 1-164 "渐变叠加"参数设置

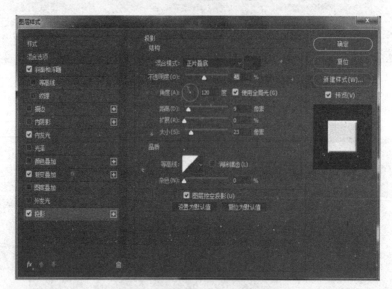

图 1-165 "投影"参数设置

图 1-166 添加图层样式后的效果

项目 1　图形绘制

（4）复制"椭圆 1"图层为"椭圆 1 拷贝"图层，按"Ctrl+T"组合键，缩小原来的正圆，单击"添加图层样式"按钮，添加"斜面和浮雕""渐变叠加""外发光""投影"图层样式，其参数设置及效果如图 1-167～图 1-171 所示。

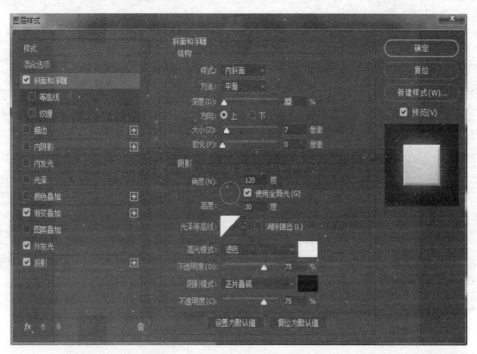

图 1-167　"斜面和浮雕"参数设置

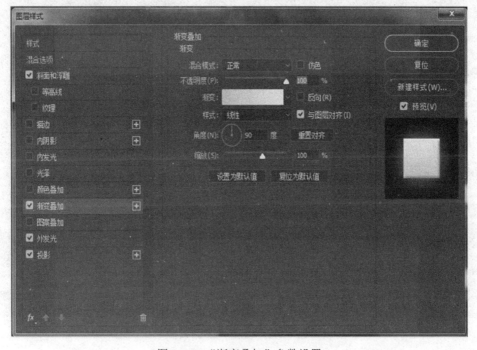

图 1-168　"渐变叠加"参数设置

- 67 -

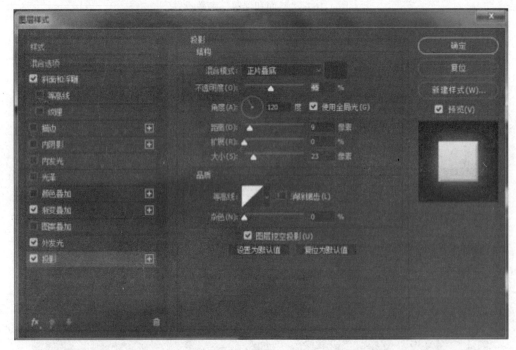

图 1-169 "外发光"参数设置

图 1-170 "投影"参数设置

（5）单击"自定形状工具"按钮，选择音符图形，如图 1-172 所示，画在小圆圈上方，形成"形状 1"图层，单击"添加图层样式"按钮，添加"斜面和浮雕""渐变叠加""外发光""投影"图层样式，其参数设置及"音乐按钮"图片的最终效果如图 1-173～图 1-177 所示。

图 1-171　添加图层样式后的效果

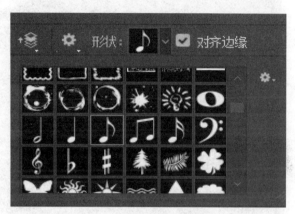

图 1-172　音符图形的选取

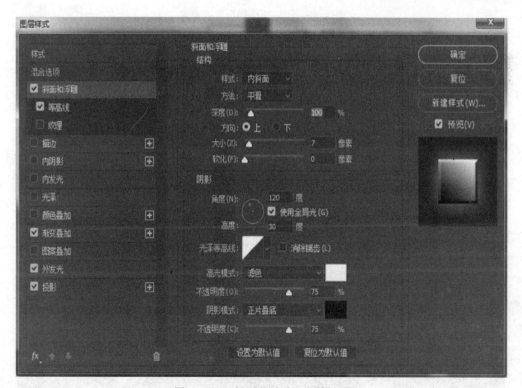

图 1-173　"斜面和浮雕"参数设置

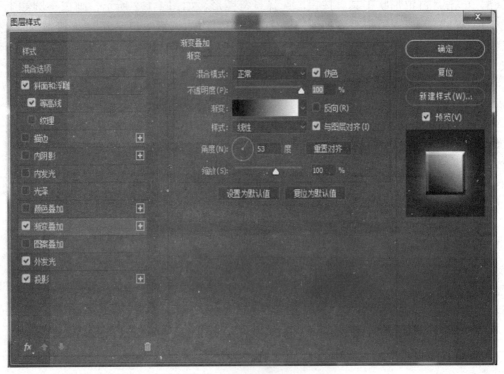

图 1-174 "渐变叠加"参数设置

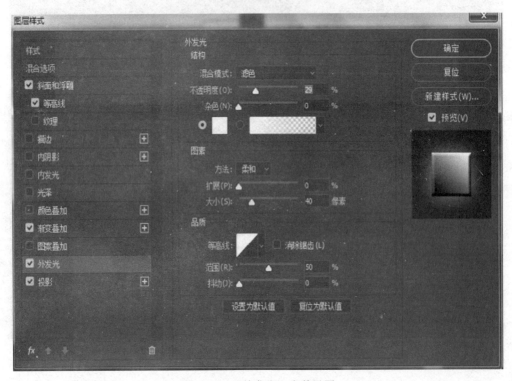

图 1-175 "外发光"参数设置

项目 1　图形绘制

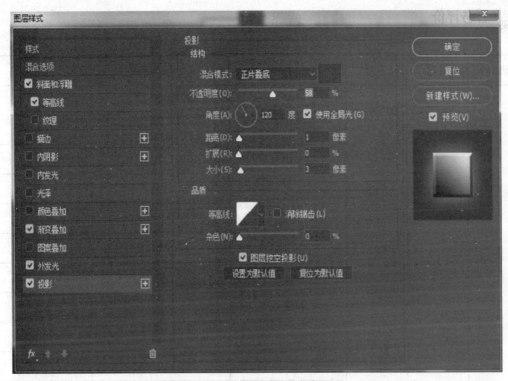

图 1-176　"投影"参数设置

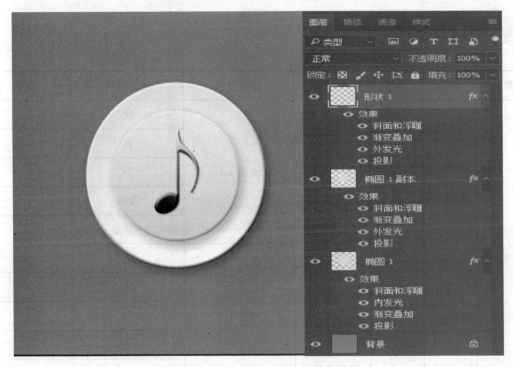

图 1-177　"音乐按钮"图片的最终效果

任务评价

班级	姓名	学号	评价内容	评价等级	成绩
			知识点	优	
				良	
				中	
				及格	
				不及格	
			技能点	优	
				良	
				中	
				及格	
				不及格	
			综合评定成绩		

项目 1 综合评价

班级	姓名	学号		评价内容	评价等级	成绩
			项目 1 知识与技能综合评定	任务 1.1	优	
					良	
					中	
					及格	
					不及格	
				任务 1.2	优	
					良	
					中	
					及格	
					不及格	

续表

班级	姓名	学号		评价内容	评价等级	成绩
			项目1 知识与技能 综合评定	任务1.3	优	
					良	
					中	
					及格	
					不及格	
				任务1.4	优	
					良	
					中	
					及格	
					不及格	
				任务1.5	优	
					良	
					中	
					及格	
					不及格	
				综合评定成绩		

项目 2
抠　图

● 项目场景

本项目是使用 Photoshop CC 的抠图功能进行图片的抠取，以组成一个更有创意的图片。在这个项目中，利用多边形套索工具、磁性套索工具、套索工具、魔棒工具、快速选择工具等进行"永恒的记忆"相册、手机壁纸的制作；利用钢笔工具、路径工具等进行"小猫上茶几""马奔驰在草原上"图片的制作。通过本项目的学习，应了解到路径抠图适合做边缘整齐的图像，魔棒抠图适合做颜色单一的图像，套索抠图适合做边缘清晰一致、能够一次完成的图像；可以对实物及毛发进行抠图后再设计开发，并将此成功应用到其他应用平台项目中，为平面设计打下良好的抠图基础，同时也为将来作为平面设计师重新制作创意图片作储备。

● 需求分析

合成具有一定主题与创意的图片，首先需要抠图。抠图是制作新图片的前提。应根据图片的不同特点，选择不同的抠图方法。只有把方法选择对了，才能制作出精美的图片，这是 Photoshop CC 的一大功能，也是平面设计师必备的技能以及培养学生实际动手能力的关键。因此，本项目介绍了魔术棒抠图、路径抠图、套索抠图。

● 方案设计

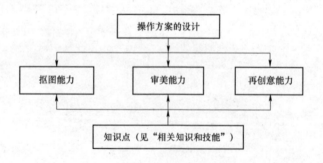

● 相关知识和技能

技能点：

（1）利用多边形套索工具、磁性套索工具、套索工具、魔棒工具、快速选择工具、钢笔工具、"路径"面板、通道、画笔工具进行图片的抠取，从而训练平面设计师的抠图能力；

（2）利用抠取的图片进行重新设计，从而训练平面设计师的审美能力；

（3）利用抠取的图片添加特殊效果，从而训练平面设计师的再创意能力。

知识点：

（1）套索抠图：多边形套索工具、磁性套索工具、套索工具的使用；

（2）魔棒抠图：魔棒工具、快速选择工具的使用；

（3）路径抠图：钢笔工具、"路径"面板的使用；

（4）通道抠图：通道、画笔工具的使用。

任务 2.1　实物抠取

实物抠取

任务描述

本任务是制作"永恒的记忆"相册。首先运用魔棒工具选取文字，运用多边形套索工具选取图案，应用移动工具把相册、文字、图案移动到指定位置，然后并通过自由缩放工具，使文字、图案更加合理自然。

2.1.1　案例制作效果（"永恒的记忆"相册）

"永恒的记忆"相册的制作效果如图 2-1 所示。

图 2-1　"永恒的记忆"相册的制作效果

2.1.2　案例分析（"永恒的记忆"相册）

现在有相册、文字、图案三张素材图片，如何制作"永恒的记忆"相册呢？下面先带领读者进行知识的储备，然后实现案例的制作。

2.1.3　相关知识讲解

套索工具共有套索工具、多边形套索工具和磁性套索工具三种类型，如图 2-2 所示。这三种工具各有特点，是进行复杂图像选取的工具。智能选择工具包括魔棒工具、快速选择工具两种类型，如图 2-3 所示。这两种类型都是单击点为基准，将颜色相似的图像区域指定为选区。

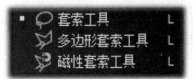
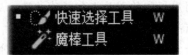

图 2-2　套索工具的类型　　　　图 2-3　智能选择工具的类型

2.1.3.1　多边形套索工具

使用多边形套索工具建立选区时，单击鼠标一次增加一个拐点，但起点和终点重合时单击鼠标，或中途双击鼠标，将结束选区的创建，此时的选区就是由起点、终点和各拐点之间的线段围成的多边形区域，如图 2-4 所示。

2.1.3.2　磁性套索工具

使用磁性套索工具在图像的边缘附近移动鼠标指针时，磁性套索工具会自动根据颜色差别勾出选区。磁性套索工具适用于要选取的区域和其他区域色彩差别较大的图像的选取。

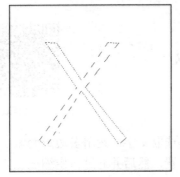

图 2-4　使用多边形套索工具建立的选区

磁性套索工具在创建选区时涉及边缘像素的概念，由"宽度"和"对比度"两个选项的值来控制选取的精度，"磁性套索工具"选项栏如图 2-5 所示。

图 2-5　"磁性套索工具"选项栏

（1）"宽度"选项：设置磁性套索工具自动搜索的范围，数值越大，自动搜索的范围就越大。

（2）"对比度"选项：确定在搜索范围内的边缘像素的差别范围，数值越大，选取的精确度就越高。

（3）"频率"选项：是磁性套索工具在进行选区创建时锚点的密度，其数值越大，锚点就越密。

（4）"消除锯齿"选项：优化选取的边缘，其功能与矩形选取工具类似。

2.1.3.3　套索工具

使用套索工具时按住鼠标左键在图像中拖动，起点和终点重合时，指针下方会出现一个圆圈，松开鼠标，就完成了选区的创建操作。鼠标所画轨迹内就是选区。当起点和终点没重合就松开鼠标时，系统会自动用连线连接两点，也会形成选区。使用套索工具建立选区比较灵活，但精确度不高，此工具主要用于粗略地建立选区，如图 2-6 所示。

图 2-6　使用套索工具建立的选区

2.1.3.4 魔棒工具

魔棒工具是通过图像中颜色值的信息来定义和建立选区的选择工具。在图像中某一点单击鼠标，魔棒工具会根据参考点的颜色信息，将与此点颜色值相近的像素作为选区建立。"魔棒工具"选项栏如图 2-7 所示。

图 2-7 "魔棒工具"选项栏

（1）"容差"选项：确定魔棒工具选取的精度，容差值越大，所容许的颜色值范围就越大，选择的精确度就越小，反之精确度就越大。

（2）"连续"选项：勾选该选项时，只选择颜色连续的区域；取消勾选时，可以选择与鼠标单击点颜色相近的所有区域，包括没不连续的区域。图 2-8 所示为两种效果的对比。

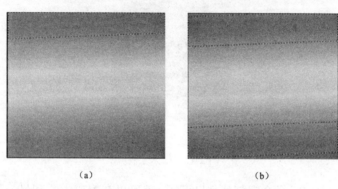

图 2-8 勾选与不勾选"连续"选项效果的对比
（a）勾选；（b）不勾选

（3）"对所有图层取样"选项：定义魔棒工具作用的范围，选中时魔棒工具作用的范围为所有图层，不选中时仅作用于当前图层。

2.1.3.5 快速选择工具

快速选择工具可以通过调整画笔的笔触、硬度和间距等参数快速通过单击或拖动创建选区。拖动时，选区会向外扩展并自动查找和跟随图像中定义的边线。

例 2.1："窗外海上日出"图片的制作。

操作步骤如下：

（1）打开素材文件"1.jpg"，单击"多边形套索工具"按钮，在工具选项栏中单击按钮，在左侧窗口内的一个边角上单击，然后沿着边缘的转折处继续单击鼠标，将光标移至起点处，光标右下角会出现圆圈，单击可封闭选区，这样就定义了选区范围。采用相同的方法，将中间窗口和右侧窗口内的图像都选中，如图 2-9 所示。

（2）按"Ctrl+J"组合键，将选中的图像

图 2-9 选择所有窗户

复制到一个新的图层中，如图 2-10 所示。打开素材文件"2.jpg"，使用移动工具将它拖曳到窗口文档中，如图 2-11 所示。

图 2-10　复制图层

图 2-11　拖入素材

（3）按"Alt+Ctrl+G"组合键创建剪贴蒙版，就可以在窗口内看到另一种景色，如图 2-12 所示。

图 2-12　"窗外海上日出"图片的制作效果

例 2.2："我们去看落潮"图片的制作。

操作步骤如下：

（1）打开"3.jpg"素材，选择快速选择工具，在工具选项栏中设置笔尖大小，在"爸爸"的手臂上开始单击，并沿着身体拖动鼠标，将"爸爸""孩子""妈妈"选中，如图 2-13 所示。

项目 2 抠　　图

图 2-13　"快速选择工具"选项栏

（2）选中背景，按住 Alt 键在选中的背景上单击并拖动鼠标，将其从选区中减去，如图 2-14 所示。

图 2-14　选区效果

（3）打开 "4.jpg" 素材文件，使用移动工具将 "爸爸" "孩子" "妈妈" 拖曳到该文档中。"我们去看落潮" 图片的制作效果如图 2-15 所示。

图 2-15 "我们去看落潮"图片的制作效果

2.1.4 案例实现("永恒的记忆"相册)

操作步骤如下:

(1)新建 16 cm×16 cm 的文档,背景颜色为白色。

(2)打开"5.jpg"素材文件,单击移动工具,把其拖到新建文档文件上,生成"图层 1",按"Ctrl+T"组合键,对"图层 1"进行缩放与旋转,并放到适当的位置,效果如图 2-16 所示。

(3)打开"6.jpg"素材文件,单击"魔棒工具"按钮,用鼠标选取黑色部分,选择移动工具,把其拖到新建文档中,生成"图层 2",按"Ctrl+T"组合键,对"图层 2"进行缩放,并放到适当的位置,效果如图 2-17 所示。

图 2-16 相册的背景效果　　　　　　　图 2-17 文字移动后的效果

(4)打开"7.jpg"素材文件,单击"多边形套索工具"按钮,框选图片部分,效果如图 2-18 所示,再选择移动工具,把其拖到新建文档中,生成"图层 3",选中"图层 3",单击"魔棒工具"按钮,用鼠标选取粉色部分,按 Delete 键,删除粉色部分,按"Ctrl+D"组合键取消选取。"永恒的记忆"相册的制作效果如图 2-19 所示。

图 2-18 抠图效果

图 2-19 "永恒的记忆"相册的制作效果

▶ 温馨小提示

在绘制选区时,应注意图像的放大/缩小操作,这对细致位置的勾选大有益处:
(1)放大图像的快捷键是"Alt+滚动轮往上";
(2)缩小图像的快捷键是"Alt+滚动轮往下"。

2.1.5 案例拓展

现有"8.jpg""9.jpg""10.jpg""11.jpg""12.jpg"素材文件,如何制作手机壁纸呢?同学边讨论边做,教师加以指导。

2.1.5.1 制作效果(手机壁纸)

手机壁纸的制作效果如图 2-20 所示。

图 2-20 手机壁纸的制作效果

2.1.5.2 制作实现（"手机壁纸"）

操作步骤如下：

（1）打开"8.jpg""9.jpg"素材文件，把"9.jpg"文件拖曳到"8.jpg"文件上，生成"图层1"，调整位置，并把"图层1"的图层混合模式设置为"变亮"，效果如图2-21所示。

图 2-21　拖曳文件及设置图层混合模式后的效果（1）

（2）打开"10.jpg"素材文件，把"10.jpg"文件拖曳到"8.jpg"文件上，生成"图层2"，调整位置，并把"图层2"的图层混合模式设置为"柔光"，效果如图2-22所示。

图 2-22　拖曳文件及设置图层混合模式后的效果（2）

（3）打开"11.jpg"素材文件，单击"磁性套索工具"按钮，把"11.jpg"文件中的"海鸥"选取出来制成选区，如图2-23所示。将其拖曳到"8.jpg"文件上，生成"图层3"，并将其图层的透明度设置为70%，其效果如图2-24所示。

（4）打开"12.jpg"素材文件，单击"多边形套索工具"按钮，把"12.jpg"文件中的"云朵"选取出来制成选区，如图2-25所示。将其拖曳到"8.jpg"文件上，生成"图层4"，并将其图层的透明度设置为30%，其效果如图2-26所示。

项目 2 抠 图

图 2-23 用磁性套索工具制成的选区

图 2-24 拖曳文件及设置图层混合模式后的效果（3）

图 2-25 用多边形套索工具制成的选区

图 2-26 拖曳文件及设置图层混合模式后的效果（4）

（5）复制"图层 4"，得到"图层 4"的拷贝，单击"橡皮擦工具"按钮 ，把"云朵"擦去一部分，并放到合适的位置，并将其图层的透明度设置为 30%。手机壁纸的制作效果如图 2-20 所示。

任务评价

班级	姓名	学号	评价内容	评价等级	成绩
			知识点	优	
				良	
				中	
				及格	
				不及格	
			技能点	优	
				良	
				中	
				及格	
				不及格	
			综合评定成绩		

项目 2 抠 图

任务 2.2 毛发的抠取

毛发的抠取

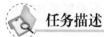

本任务是制作"小猫上茶几"图片。首先应用钢笔工具绘制选区,然后运用"路径"面板,把工作路径转化为选区,运用移动工具,把"小猫"移动到"茶几"的指定位置,并通过变换的扭曲命令,对"小猫"进行调整,使"小猫"贴到"茶几"的适当位置。

2.2.1 案例制作效果("小猫上茶几"图片)

"小猫上茶几"图片的制作效果如图 2-27 所示。

图 2-27 "小猫上茶几"图片的制作效果

2.2.2 案例分析("小猫上茶几"图片)

现在有"小猫""茶几"两张素材图片,如何制作"小猫上茶几"图片呢?下面先带领读者进行知识的储备,然后实现案例的制作。

2.2.3 相关知识讲解

2.2.3.1 选择并遮住

"选择并遮住"命令不仅可以对选区进行羽化、扩展、收缩、平滑处理,还能有效识别透明区域、毛发等细微对象,如果要抠取此类对象,可以先用魔棒工具、快速选择工具或色彩范围工具等创建一个大致的选区,再使用"选择并遮罩"命令对选区进行细化,从而选中对象。

1. 视图模式

在 Photoshop CC 中，选区能够以很多种面貌出现。在画面中，它是闪烁的蚂蚁线；在通道中它又变为一张定格的黑白图像。选区的各种形态不仅有利于用户对其进行编辑，也为更好地观察选区范围提供了帮助。"选择并遮住"命令能够将选区的全部面貌展现在人们面前。

首先在图像中用各种选择工具创建选区，然后选择工具选项栏中的"选择并遮住"按钮 选择并遮住...，打开"选择并遮住"工作区，如图 2-28 所示。在"视图"下拉列表中包含 7 种视图模式，如图 2-29 所示。

图 2-28 "选择并遮住"工作区　　　　图 2-29 视图模式

（1）"闪烁虚线"模式：可查看具有闪烁边界的标准选区。
（2）"叠加"模式：可在快速蒙版状态下查看选区。
（3）"黑底"模式：可在黑色背景上查看选区。
（4）"白底"模式：可在白色背景上查看选区。
（5）"黑白"模式：可预览用于定义选区的通道图像。
（6）"洋葱皮"模式：如果当前图层不是背景图层，选择该模式以后，可以将选择的对象放在背景图层上观察。
（7）"图层"模式：可查看整个图层，不显示选区。

2. 边缘检测

勾选"视图模式"选项组中的"显示边缘"选项，同时拖动"边缘检测"选项组中的"半径"滑块，在"叠加"视图模式下观察，如图 2-30 所示，物体内部为红色的区域就是保留部分，物体外部为红色的区域就是完全舍弃的部分，中间就是边缘检测的大小，与保留区域相近的像素保留，不相近的则舍弃。当勾选"智能半径"选项时，边缘检测就会按实际像素分析其宽度，如图 2-31 所示。

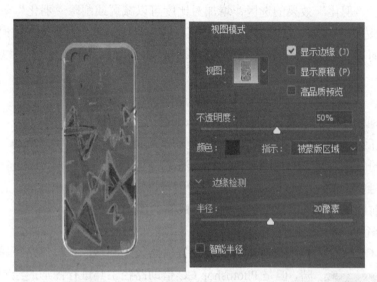

图 2-30 在"边缘检测"中拖动"半径"的效果

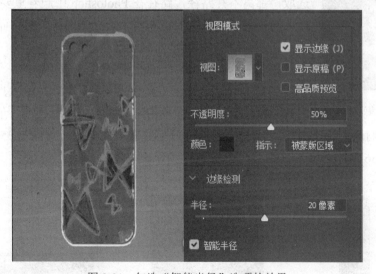

图 2-31 勾选"智能半径"选项的效果

在实际应用中单靠软件的自动边缘检测是不能完全满足用户的需求的，因此需要使用调整半径工具 和抹除调整工具 来手动调整检测边缘的宽度。调整半径工具用来增加检测边缘宽度，抹除调整工具用来减小检测边缘宽度，这两个工具的作用是相反的。

3. 全局调整

"全局调整"选项组可以对选区进行平滑、羽化、扩展等处理。

（1）"平滑"选项：可以减少选区边界中的不规则区域，创建更加平滑的轮廓。对于矩形选区，则可以使其边角变得圆滑。

（2）"羽化"选项：可以对选区进行羽化，使选区边缘模糊过渡，范围为 0～250 像素。

（3）"对比度"选项：与"羽化"选项功能相反，可以锐化选区边缘并去除模糊的不自然感。对于添加了"羽化"效果的选区，增加对比度可以减弱或削除"羽化"效果。

（4）"移动边缘"选项：设置为负值时，可以收缩选区边界；设置为正值时，可以扩展选区边界。抠图时，当边缘出现多余的"色边"时，将边界向内收缩一点，以清除不必要的色边。

4. 输出

"输出"选项组[①]用于消除选区边缘的杂色、设定选区的输出方式。

（1）"净化颜色"选项：勾选该选项后，拖动"数量"滑块可以将"色边"替换为附近完全选中的像素的颜色，是去除边缘杂色的好办法。

（2）"输出到"选项：在该选项的下拉列表中可以选择选区的输出方式，它们决定了调整后的选区是当前图层上的选区或蒙版，还是生成新的图层或文档。

2.2.3.2 路径工具

Photoshop CC 虽然是位图处理软件，但也提供路径绘制功能。虽然路径属于矢量图的范畴，但是 Photoshop CC 借助路径工具进行图形的绘制和精确的选区操作。如果想利用 Photoshop CC 制作各式各样的图形或者进行精确选取，都离不开路径，路径在 Photoshop 中起着重要的桥梁作用。

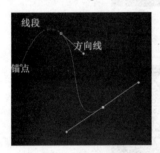

图 2-32　路径

路径由两个以上的点和两个点之间的线段组合而成，如图 2-32 所示。连接锚点的部分叫作线段。

在 Photoshop CC 中，路径工具位于工具箱的下部，共有 4 组，如图 2-33 所示。这 4 组工具代表 4 种功能，每组工具中包含若干个工具。按住鼠标左键，单击工具右下角的灰色小三角形，就会弹出相关工具。它们是形状绘制工具组，如图 2-34 所示；选择工具组，如图 2-35 所示；钢笔工具组，如图 2-36 所示；文字工具组，如图 2-37 所示。

图 2-33　路径工具

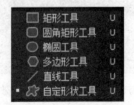

图 2-34　形状绘制工具组

图 2-35　选择工具组

[①] 图 2-28 中未显示"输出"选项组。

当选择钢笔工具组或形状工具组时，首先要选择正确的绘图方式，在其选项栏中有一项"选择工具模式"，单击其弹出下拉菜单，包含 3 种绘图方式，如图 2-38 所示。

图 2-36　钢笔工具组

图 2-37　文字工具组

图 2-38　绘图方式

（1）"形状"绘图方式：绘制出来的图形自动放在新图层上，并有填充色，还可继续修改它的形状，如图 2-39 所示。

（2）"路径"绘图方式：绘制出来的图形不出现在图层上，只在"路径"面板上，无填充色，只有路径线条。

（3）"像素"绘图方式：绘制出来的图形出现在当前图层上，直接生成普通的位图图形，很难改变其形状。

3 种绘制方式的效果如图 2-40 所示。

图 2-39　形状绘制方式结果

图 2-40　3 种绘制方式的效果

绘制有填充色的图形并且想随时修改它的形状时，选择"形状"绘图方式；绘制普通的几何形状的填充图形而不想修改它的形状时，选择"像素"绘图方式；精确选取图像或者做路径描边时，选择"路径"绘图方式。

2.2.3.3　钢笔工具

如果要在图像中准确地设置选区，一般不使用选择工具，而是使用钢笔工具来创建精确路径，然后将路径转换为选区。如果想获得高品质的图像，钢笔工具的使用也是必不可少的。

1. 钢笔工具

钢笔工具绘制出来的可以是直线、曲线、封闭的或不封闭的路径线。还可以通过快捷键的配合（如 Alt 键、Ctrl 键）把钢笔工具切换到转换点工具，选择工具，即自动添加或删除工具。这样可以在绘制路径的同时编辑和修改路径。

（1）对于直线路径，只需要选择钢笔工具，通过连续单击就可以绘制出来。如果要绘制直线或者 45°斜线，在按住 Shift 键的同时单击即可。

（2）曲线路径的绘制就是在起点按下鼠标之后不松手，向上或向下拖动出一条方向线后松手，然后在第二个锚点拖动出一条向上或向下的方向线。

（3）绘制封闭曲线时，把钢笔工具移动到起始点，当看见钢笔工具旁边出现小圆圈时单击，路径就封闭了。

绘制 3 种不同路径的效果如图 2-41 所示。

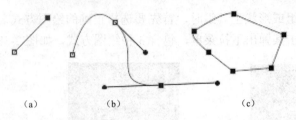

图 2-41 绘制 3 种不同路径的效果
(a) 直线路径；(b) 曲线路径；(c) 封闭路径

（4）选中"钢笔工具"选项栏中的"自动添加/删除"复选框 ，可直接用钢笔工具在路径上单击，自动添加或删除锚点。这个选项默认是勾选的。

当钢笔工具在路径上所指的位置没有锚点，则钢笔工具自动变成 ，单击路径可添加新锚点；当钢笔工具在路径上所指的位置有锚点，则钢笔工具自动变成 ，单击此锚点可将之删除。

（5）若要改变路径的形状，在按住 Alt 键的同时把钢笔工具放置在锚点，钢笔工具变成转换点工具 ，可以改变锚点类型。

当锚点连接的是直线时，在按住 Alt 键的同时把钢笔工具放置在锚点上拖动，直线变成曲线。当锚点连接的是曲线时，在按住 Alt 键的同时把钢笔工具放置在锚点上单击，曲线变成直线。原路径线与操作后的路径线的比较如图 2-42 所示。

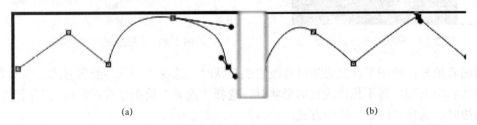

图 2-42 原路径线与操作后的路径线的比较
(a) 原路线；(b) 操作后的路径线

（6）在钢笔工具状态下，按住 Ctrl 键，钢笔工具会变成直接选择工具 ，这时可选择某一锚点或线段。按"Ctrl+Alt"组合键，钢笔工具变成路径选择工具 ，可复制整个子路径。

下面总结编辑路径的几个工具的作用：
（1）添加锚点工具：可直接在路径上单击增加锚点。
（2）锚点工具：把它放置在锚点上单击可直接删除此锚点。
（3）转换点工具：可以转换锚点的类型，把锚点连接的曲线转换成直线，反之亦可。
（4）直接选择工具：单击可以选择路径上的某个锚点或线段，也可以框选多个锚点。
（5）路径选择工具：可以选择整个路径或子路径，然后对路径进行移动操作。
在工具箱中选择工具并不是最好的选择，按组合键转换更加方便和快捷。

2．自由钢笔工具

自由钢笔工具用于随意绘图，就像用铅笔在纸上绘图一样。在绘图时，将自动添加锚点，无须确定锚点的位置，完成路径后可进一步对其进行调整。

"磁性"是自由钢笔工具的选项,可以依据图像中的边缘像素建立路径,定义对齐方式的范围和灵敏度,以及所绘路径的复杂程度。

2.2.3.4 "路径"面板

用钢笔工具并使用路径绘图方式绘制路径后,在图层上并没有产生任何变化,那么路径存储在哪里呢?在 Photoshop CC 中,"路径"面板可以对路径进行存储等操作。

其操作方法是:单击"窗口"菜单→"路径"命令,打开"路径"面板,如图 2-43 所示,刚绘制的路径在"路径"面板中显示,这是临时路径,可对此路径进行存储、删除、转为选区、描边等操作。

图 2-43 "路径"面板

(1) 按钮 ○ :用前景色填充路径。

(2) 按钮 ○ :用画笔工具给路径描边。

(3) 按钮 ⋮ :将路径作为选区载入,操作后路径将会转换为选区使用。

(4) 按钮 ◇ :将选区转换为工作路径。

(5) 按钮 ▣ :添加蒙版。

(6) 按钮 ▢ :创建新路径。

(7) 按钮 🗑 :删除当前路径。

另外,用鼠标按住"路径"面板右上角的图标,还会弹出下拉菜单,也可完成对路径的基本操作,如图 2-44 所示。

1. 填充路径

选择要填充的路径,单击"路径"面板→"填充路径"命令,弹出图 2-45 所示的"填充路径"对话框,单击"确定"按钮,即可为路径填充颜色。

图 2-44 "路径"面板下拉菜单

图 2-45 "填充路径"对话框

(1)"内容"选项:在其下拉框中选择填充的内容。

(2)"模式"选项:在其下拉框中选择颜色的混合方式。

(3)"不透明度"选项:当其值为 100%时,表示填充的颜色完全不透明;当其值为 0%

时，表示填充的颜色完全透明。

（4）"羽化半径"/"消除锯齿"选项：这两个选项和选区中的相关内容相同。

2. 路径转化为选区

要将路径转化为选区，需要现在"路径"面板中选中需要转化为选区的路径，然后单击"路径"面板底部的"将路径作为选区"载入按钮 ，或按"Ctrl+Enter"组合键。

如果需要设置将路径作为选区的参数，可以单击按钮 ，执行"路径"面板下拉菜单中的"建立选区"命令，如图2-46所示。

（1）"羽化半径"选项：定义由路径转化来的选区是否有羽化效果。

（2）"操作"：选项组定义由路径转化来的选区和图像中原来存在路径的运算方式。如果原来没有选区存在，则选项组中的后3项会显示为灰色。

3. 选区转化为路径

使用选择工具创建的任何选区都可以定义为路径。"建立工作路径"命令，可以消除选区上应用的所有羽化效果，还可以根据路径的复杂程度和用户在"建立工作路径"对话框中选取的容差值来改变选区的形状。

图2-46 "建立选区"对话框

先用创建选区工具或命令建立选区，然后打开"路径"面板，并单击"路径"面板底部"从选区生成工作路径"按钮 即可生成路径。与直接单击按钮 不同的是，执行"路径"面板的下拉菜单中的"建立工作路径"命令，将弹出图2-47所示对话框。

容差值的范围为0.5～10像素，用于确定"建立工作路径"命令对选区形状微小变化的敏感程度。容差值越大，用于绘制路径的锚点越少，路径越平滑。

图2-47 "建立工作路径"对话框

2.2.3.5 路径抠图

"路径"面板中的操作按钮非常重要，下面介绍其中的一个重要应用——抠图。

前面介绍了利用选区工具和调整边缘功能选取想要的图形，但是很多图形很复杂，形状不透明，利用选区工具和调整边缘功能进行精确选择很困难，所以需要利用钢笔工具进行精确的路径绘制，然后转为选区，选取想要的图形。

利用钢笔工具绘制的路径可随时修改，利用钢笔工具能绘制明确的边界线、流畅的曲线，因此"钢笔工具"非常适合抠取边缘光滑的对象，尤其在对象与背景之间没有足够的颜色或色调差异，采用其他工具和方法不能奏效时，使用钢笔工具可以得到满意的结果。

利用钢笔工具抠图大致包括两个阶段：首先在对象边界布置锚点，一系列锚点自动连接成为路径，将对象的轮廓划定；描绘完轮廓之后，需要将路径转化为选区，才能选中对象。

路径抠图的方法和步骤如下：

（1）选择钢笔工具，并选择路径绘图方式。

（2）利用钢笔工具绘制想要的路径，并通过添加添加/删除锚点工具、转换点工具、直接选择工具、路径选择工具对路径进行不断修改，直到满意为止。

例 2.3:"草地上的相机"图片的制作。

操作步骤如下:

(1) 打开素材库中的"14.jpg"文件。

(2) 在工具箱中选择钢笔工具,绘图方式为"路径",利用钢笔工具在欲抠取的图像周围先绘制一个大概的轮廓,如图 2-48 所示。

(3) 把图像放大,按住 Ctrl 键,钢笔工具转变为白色的直接选择工具,选择此路径的某一锚点和线段并进行移动;再按住 Alt 键,将钢笔工具放置在锚点上,钢笔工具转变为转换点工具,拖动锚点可把直线转为曲线以贴齐相机的轮廓。当需要增加锚点时,直接把钢笔工具放于路径上单击即可,而把钢笔工具放于锚点上时,单击即可减少锚点。重复使用上述方法,把路径绘制为贴齐相机的轮廓,如图 2-49 所示。

图 2-48　绘制大概路径轮廓图

图 2-49　调整后的路径

(4) 单击"路径"面板中的"将路径转化为选区"按钮,如图 2-50 所示。这时路径转化为选区,复制并粘贴到"15.jpg"文件,最后效果如图 2-51 所示。

图 2-50　载入选区

图 2-51　"草地上的相机"图片的制作效果

2.2.4 案例实现("小猫上茶几"图片)

操作步骤如下:

(1)打开"17.jpg"素材文件。

(2)打开"16.jpg"素材文件,单击"钢笔工具"按钮,选择绘制路径,绘制路径的效果如图 2-52 所示。

图 2-52 绘制路径的效果

(3)单击"路径"面板上的"将路径转化为选区载入"按钮,单击"移动工具"按钮,把其拖到"17.jpg"文件上,生成"图层 1",单击"编辑"菜单→"变换"→"扭曲"命令,对"图层 1"进行编辑,并放到适当的位置。"小猫上茶几"图片的制作效果如图 2-53 所示。

图 2-53 "小猫上茶几"图片的制作效果

▶ 温馨小提示

钢笔工具可以绘制明确的边界线,对边界模糊的对象、过于复杂的轮廓或透明的对象如毛发、玻璃杯、烟雾等则无法抠取。

Photoshop 以前的版本是使用抽出滤镜进行毛发的抠取，Photoshop CC 中已经没有这个工具了，而是用"选择并遮住"来代替其功能，用于抠取毛发等物体。

2.2.5　案例拓展

根据"18.jpg""19.jpg"素材文件，如何制作"马奔驰在草原上"图片呢？同学边讨论边做，教师加以指导。

2.2.5.1　制作效果（"马奔驰在草原上"图片）

"马奔驰在草原上"图片的制作效果如图 2-54 所示。

图 2-54　"马奔驰在草原上"图片的制作效果

2.2.5.2　制作实现（"马奔驰在草原上"图片）

操作步骤如下：

（1）打开"18.jpg""19.jpg"素材文件，选中"18.jpg"素材文件，复制"背景"图层为"背景拷贝"图层，单击"钢笔工具"按钮，选择绘制方式为"路径"，精确地抠取马的身体，效果如图 2-55 所示。

图 2-55　用钢笔工具精确地抠取马的身体

（2）单击"路径"面板上的"将路径转化为选区载入"按钮，单击"移动工具"按钮，把其拖到"19.jpg"文件上，生成"图层1"，效果如图2-56所示。

图2-56 拖动马的身体到草原图片上

（3）选中"18.jpg"文件，按"Ctrl+D"组合键，取消选取，单击"快速选择工具"按钮，选择马的毛发，单击"选择"菜单→"选择并遮住"命令，打开"选择并遮住"对话框，进行毛发的抠取，参数设置及效果如图2-57所示。单击"确定"按钮，效果如图2-58所示。

图2-57 "选择并遮住"的参数设置及效果

图 2-58 选取毛发的效果

（4）单击"移动工具"按钮，把其拖到"19.jpg"文件上，生成"图层 2"。"马奔驰在草原上"图片的制作效果如图 2-59 所示。

图 2-59 "马奔驰在草原上"图片的效果

任务评价

班级	姓名	学号	评价内容	评价等级	成绩
			知识点	优	
				良	
				中	
				及格	
				不及格	
			技能点	优	
				良	
				中	
				及格	
				不及格	
			综合评定成绩		

项目 2 综合评价

班级	姓名	学号		评价内容	评价等级	成绩
			项目 2 知识与技能 综合评定	任务 2.1	优	
					良	
					中	
					及格	
					不及格	
				任务 2.2	优	
					良	
					中	
					及格	
					不及格	
				综合评定成绩		

项目 3
图　　层

● **项目场景**

　　本项目是使用 Photoshop CC 蒙版及图层混合模式对图片进行设计。在本项目中，利用快速蒙版、图层蒙版、矢量蒙版、"蒙版"面板制作了"古城新辽阳"广告、"三菱越野车"广告；利用组合模式组、加深模式组、融合模式组、比较模式组、色彩模式组制作了"宏姐"网站界面、艺术海报；利用剪贴蒙版制作了儿童教育机构标志、"企业个性标志鼠标"图片。通过本项目的学习，读者可以对图片进行设计开发，并将此成功应用到其他应用平台项目中，为平面设计打下良好的基础，同时也为将来作为平面设计师做设计进行前期准备。

● **需求分析**

　　Photoshop CC 在图片设计展现方面的一大功能就是蒙版、图层混合模式，可以说图片的设计是在有一定的知识与技能储备的基础上才能实现的。为了完成广告设计、个人网站设计、标志设计，有必要也必须学习蒙版的相关知识，为了使设计更具有个性，需要学习图层的混合模式。

● **方案设计**

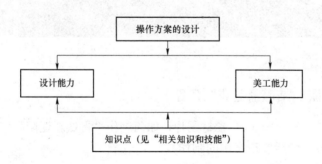

● **相关知识和技能**

　技能点：

　（1）利用快速蒙版、矢量蒙版、剪贴蒙版及"蒙版"面板进行广告设计、个人网站设计以及标志设计，从而训练平面设计师的设计能力；

　（2）利用组合模式组、加深模式组、融合模式组、比较模式组、色彩模式组进行图片的设计，从而训练平面设计师的美工能力。

　知识点：

　（1）不同的蒙版：快速蒙版、矢量蒙版、剪贴蒙版、"蒙版"面板；

　（2）图层混合模式：组合模式组、加深模式组、融合模式组、比较模式组、色彩模式组。

任务 3.1 广告设计

任务描述

本任务是制作"古城新辽阳"广告。首先应用"创建新的填充或调整图层"按钮,调整图层的色相、饱和度、色相平衡,以及图片的颜色,再运用蒙版为图层添加渐变填充,使图片更具整体感,达到宣传古城新面貌的效果。

3.1.1 案例制作效果("古城新辽阳"广告)

"古城新辽阳"广告的制作效果,如图 3-1 所示。

图 3-1 "古城新辽阳"广告的制作效果

3.1.2 案例分析("古城新辽阳"广告)

现有"8.jpg""9.jpg""10.jpg"素材图片,如何制作"古城新辽阳"广告呢?下面先带领读者进行知识的储备,然后实现案例的制作。

3.1.3 相关知识讲解

3.1.3.1 认识蒙版

选区是对选中区域进行处理,而蒙版却与之相反,它所蒙住的地方是编辑时不受影响的地方。蒙版主要分为快速蒙版、图层蒙版、矢量蒙版以及剪贴蒙版 4 种类型。

蒙版是进行图像合成的重要功能,它可以隐藏图像内容,但不会将其删除,因此,用蒙版处理图像是一种非破坏性的编辑方式。

3.1.3.2 快速蒙版

快速蒙版是编辑选区的临时环境,可以辅助用户创建选区。快速蒙版可以将任何选区作为蒙版进行编辑,可以使用 Photoshop CC 中的大部分功能进行蒙版的修改。

1. 快速蒙版的工作原理

在快速蒙版模式下，无色区域代表选区内的部分，而半透明的红色区域代表选区以外的部分，编辑完成后无色区域成为编辑的选区，如图3-2所示。

图 3-2　使用快速蒙版的对比
（a）使用前；（b）使用后

2. 创建快速蒙版

选中图层，然后单击工具箱中的"以快速蒙版模式编辑"按钮，或者按 Q 键添加快速蒙版，这时前景色和背景色会自动变为黑白状态，同时在"通道"面板生成一个快速蒙版通道。然后就可以用黑色画笔涂抹想要遮罩的部分，涂抹的部分呈现半透明的红色，涂抹完毕，再次单击刚才的按钮切换到标准模式编辑，则没有涂抹的区域变成选区。

3. 为快速蒙版添加效果

蒙版相比选区，可以使用 Photoshop CC 中的大部分功能和效果，这样形成的选区也是很特别的。比如对编辑好的选区，单击"滤镜"→"像素化"→"马赛克"命令，形成选区后删除的效果与未使用滤镜删除的效果有很大不同，如图3-3所示。

图 3-3　使用与不使用滤镜删除效果的对比
（a）使用滤镜；（b）不使用滤镜

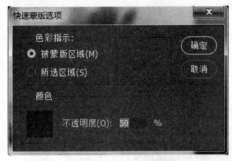

图 3-4 "快速蒙版选项"对话框

4. 更改快速蒙版选项

双击"快速蒙版模式"按钮,会弹出"快速蒙版选项"对话框,如图 3-4 所示,在这里可以设置"色彩指示""颜色"以及"不透明度"参数。

3.1.3.3 图层蒙版

图层蒙版以一个独立的图层存在,而且可以控制图层或图层组中不同区域的操作。通过修改蒙版层,可以对图层的不同部分应用各种滤镜效果。

图层蒙版不同于快速蒙版和通道蒙版,图层蒙版是在当前图层上创建一个蒙版层,该蒙版层与创建蒙版的图层只是链接关系,所以无论如何修改蒙版,都不会对该图层上的原图层产生任何影响。

在创建调整图层或者填充图层等特殊图层时,Photoshop CC 会自动为其添加图层蒙版。

1. 图层蒙版的工作原理

图层蒙版通过黑、白、灰来控制图层的局部或整体透明度状态。添加图层蒙版后,蒙版默认的颜色为白色,用黑色画笔在上面涂抹,就可以看到当前图层下层的图像。白色区域为不透明,黑色区域为完全透明,灰色区域则表现为半透明。

2. 创建图层蒙版

选中图层,单击"图层"菜单→"图层蒙版"→"显示全部"命令,即可以添加图层蒙版。也可以单击"图层"面板底部的"添加图层蒙版"按钮 ,如图 3-5 所示。

图 3-5 添加图层蒙版

添加图层蒙版后,蒙版默认的颜色为白色,也可以将蒙版填充为黑色,这时完全显示下面图层中的图像,从而可以从另一个角度使用蒙版。

如果当前图像中存在选区,可以根据选区范围添加蒙版,选择要添加图层蒙版的图层,单击"图层"面板底部的"添加图层蒙版"按钮为图像添加图层蒙版。选中的选区添加图层蒙版的效果对比如图 3-6 所示。

(a) (b) (c)

图 3-6 选中的选区添加图层蒙版的效果对比

(a) 选中的选区;(b) 添加图层蒙版的效果;(c) "图层"面板

在依据选区范围添加图层蒙版时,如果在单击"添加图层蒙版"按钮时按住 Alt 键,即可依据与当前选区相反的范围为图层添加图层蒙版。

3. 编辑图层蒙版

1)画笔

可以在图层蒙版中使用黑、白、灰画笔进行涂抹来编辑蒙版,白色区域为不透明,黑色区域为完全透明,灰色区域则表现为半透明。图 3-7 所示为在图层蒙版中用特殊的笔刷进行涂抹。

图 3-7 用画笔编辑图层蒙版

2)渐变色

可以在图层蒙版中添加渐变色。如图 3-8 所示,单击图层蒙版缩略图,添加黑色到白色的线性渐变。

图 3-8 在图层蒙版中添加线性渐变

3)滤镜

可以在图层蒙版上添加滤镜等特殊效果,其操作方法是(以添加云彩效果为例):单击"滤镜"菜单→"渲染"→"云彩"命令,如图 3-9 所示。

图 3-9　在图层蒙版中添加滤镜效果

4. 图层蒙版与选区的运算

1）选区生成蒙版

选择图层，用矩形选框工具绘制一个矩形选区，然后创建图层蒙版，刚才的矩形选区便生成了图层蒙版的区域，如图 3-10 所示。

图 3-10　选区生成蒙版

2）添加蒙版到选区

用鼠标右键单击图层蒙版缩略图，弹出快捷菜单，如图 3-11 所示，单击"添加蒙版到选区"命令（或者在按住 Ctrl 键的同时，用鼠标左键单击图层蒙版缩略图），蒙版的区域便形成了选区，白色部分代表选区，如图 3-12 所示。

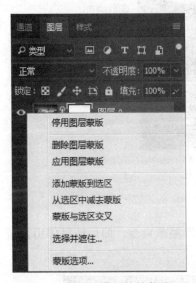

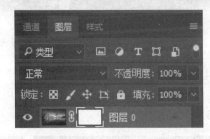

图 3-11　图层蒙版快捷菜单　　　　　　图 3-12　添加蒙版到选区

3）从选区中减去蒙版

绘制选区，用鼠标右键单击图层蒙版缩略图，在弹出的菜单中选择"从选区中减去蒙版"命令，将减去图层蒙版与选区相重叠的白色部分，形成新的选区，如图 3-13 所示。

图 3-13　从选区中减去蒙版

4）蒙版与选区交叉

绘制选区，用鼠标右键单击图层蒙版缩略图，在弹出的菜单中选择"蒙版与选区交叉"命令，椭圆选区和图层蒙版白色部分的交叉区域形成新的选区，如图 3-14 所示。

图 3-14　蒙版与选区交叉

5．停用与应用图层蒙版

用鼠标右键单击图层蒙版缩略图，选择"停用图层蒙版"菜单命令，即可暂时停用图层蒙版，如图 3-15 所示。

图 3-15　停用图层蒙版

用鼠标右键单击图层蒙版缩略图，选择"应用图层蒙版"命令，图层蒙版的效果将会作用于图层，而图层蒙版将会消失。

6．图层蒙版链接状态

在默认情况下，添加图层蒙版时，图层缩略图与图层蒙版是存在链接关系的。在链接图标位置单击时，该图标消失，表示取消了图层缩略图与图层蒙版之间的链接关系。再次在这个空白位置单击，即可重新将二者链接起来。

如果图层与图层蒙版处于链接状态，移动二者中的任意一个对象，另一个都会随着移动，否则就只能移动选中的对象。同理，变换图像、应用滤镜时，如果二者处于链接状态，二者同时变化；否则仅影响所选的图像。

3.1.3.4 矢量蒙版

矢量蒙版是依据路径和图形来定义显示的区域，它主要是由钢笔工具和矢量工具创建而成的。使用矢量蒙版可以得到锐化、无锯齿的边缘轮廓。

由于图层蒙版具有位图特征，因此其清晰与细腻程度与图像分辨率有关；而矢量蒙版具有矢量特征，利用路径来限制图像的显示与隐藏，因此矢量蒙版的光滑程度与分辨率无关。

1. 创建矢量蒙版

选中图层，用钢笔工具绘制路径，然后单击"图层"菜单→"矢量蒙版"→"当前路径"命令，即可创建矢量蒙版。如果单击"图层"菜单→"矢量蒙版"→"显示全部"命令，可以得到显示全部图像的矢量蒙版。

2. 编辑矢量蒙版

编辑矢量蒙版，必须通过钢笔工具或者形状工具在选区中绘制路径，才能进一步调整矢量蒙版的范围。

3. 矢量蒙版与图层蒙版的关系

矢量蒙版的缺点在于无法使用各种绘图工具和图像调整命令对蒙版进行编辑，但 Photoshop CC 提供了将矢量蒙版转换为图层蒙版的功能，这样就可以使用绘图工具及图像通道等编辑蒙版，从而得到更为丰富的图像效果。

要将矢量蒙版转换为图层蒙版，可以执行以下任一操作：

（1）选择要转换矢量蒙版的图层，单击"图层"菜单→"栅格化"→"矢量蒙版"命令。

（2）在要转换的矢量蒙版缩略图单击鼠标右键，在弹出的快捷菜单中单击"栅格化矢量蒙版"命令。

3.1.3.5 "蒙版"面板

对蒙版的编辑与操作还可以通过"蒙版"面板来实现。通过双击图层蒙版或者矢量蒙版缩略图，即可打开"蒙版"面板，如图 3-16 所示。

图 3-16 "蒙版"面板

1. 浓度

"浓度"选项用来控制蒙版的不透明度，即蒙版的遮盖强度。随着浓度的升高，蒙版遮罩图层的区域变得越来越不透明。

2．羽化

"羽化"选项可以柔化蒙版遮罩图层区域的边缘，在蒙住和未蒙住区域之间创建较柔和的过渡。

3．调整

可以通过"调整"选项的"蒙版边缘""颜色范围"和"反相"3个按钮对蒙版进行编辑。

例 3.1："风景画框"图片的制作。

操作步骤如下：

（1）打开"6.jpg"素材文件，用矩形选框工具制作图像选区，并按"Ctrl+Shift+I"组合键反向选区，然后单击"以快速蒙版模式编辑"按钮；单击"滤镜"菜单→"像素化"→"彩色半调"命令，快速蒙版和"彩色半调"参数设置如图3-17所示。

 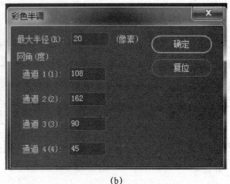

(a)　　　　　　　　　　　　　　　　　(b)

图3-17　快速蒙版和"彩色半调"参数设置

(a)快速蒙版；(b)"彩色半调"参数设置

（2）再次单击"以快速蒙版模式编辑"按钮，切换到标准模式下编辑，形成选区；按"Ctrl+Shift+I"组合键反向选区，按"Ctrl+J"组合键复制图层，把原来图层隐藏，选区制作与边框效果如图3-18所示。

(a)　　　　　　　　　　　　　　　　　(b)

图3-18　选区制作与边框效果

(a)选区制作；(b)边框效果

（3）新建一个图层，将其填充为白色，输入"Beautiful border"，最后的效果如图 3-19 所示。

例 3.2："喜鹊叼樱花"图片的制作。

操作步骤如下：

（1）打开"7.jpg"素材文件，按"Ctrl+J"组合键复制背景图层得到"图层 1"，在图像右上方绘制一个矩形选区，单击"选择"菜单→"变换选区"命令，调出选区变换控制框，按 Ctrl 键拖动各个控制手柄，直至变换为图 3-20 所示的透视角度状态。

（2）为"图层 1"添加图层蒙版。新建"图层 2"并将其拖至"图层 1"和"背景"图层之间，填充白色。选择"图层 1"并添加"投影"和"描边"图层样式，如图 3-21 所示。

图 3-19 "风景画框"图片的制作效果

图 3-20 变换选区为透视角度

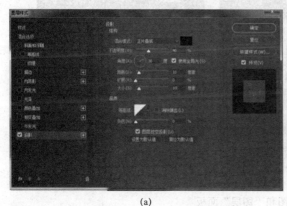
(a)

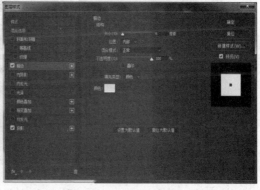
(b)

图 3-21 "投影"和"描边"图层样式

（a）"投影"图层样式；（b）"描边"图层样式

（3）再次复制"背景"图层得到"图层3"，按照前面的方法为"图层3"添加蒙版，并复制"图层1"的图层样式，如图3-22（a）所示。绘制一个矩形选区，将起连接作用的图像选中，如图3-22（b）所示。

(a)　　　　　　　　　　　　　　　(b)

图3-22　效果图和选区绘制

(a) 效果图；(b) 选区绘制

（4）复制"背景"图层得到"图层4"，选中魔棒工具并按住Alt键在"图层4"的绿色背景区域单击，直至完全减去该部分选区，如图3-23（a）所示。为"图层4"添加蒙版，并拖至顶层，此时"图层"面板如图3-23（b）所示。

(a)　　　　　　　　　　　　　　　(b)

图3-23　效果图和"图层"面板

(a) 效果图；(b) "图层"面板

3.1.4 案例实现("古城新辽阳"广告)

操作步骤如下:

(1)新建 25 cm×16 cm 的文档,背景颜色是白色。打开"8.jpg"素材文件,把其拖曳到新建文档中,单击"创建新的填充或调整图层"按钮,选择"色相/饱和度"命令,参数设置及效果如图 3-24 所示。

图 3-24 "色相/饱和度"参数设置及效果

(2)打开"9.jpg"素材文件,把其拖曳到新建文档中,单击"图层"面板中的蒙版按钮，为其添加蒙版,单击蒙版缩略图,把前景色设置为黑色,将背景颜色设置为白色,选择渐变填充,为蒙版添加渐变填充,效果如图 3-25 所示。

(3)打开"10.jpg"素材文件,用魔棒工具选取白色,按"Ctrl+Shift+I"组合键,将选取反选,并调整其大小与位置,效果如图 3-26 所示。

图 3-25 为蒙版添加渐变填充的效果

图 3-26 拖曳素材后的效果

Photoshop CC 平面设计

（4）单击"图层 3"，将曹雪芹画像载入选区，单击"创建新的填充或调整图层"按钮，选择"色彩平衡"命令，参数设置及效果如图 3-27 所示。

（5）单击"文本工具"按钮，输入"一城枕千山，双龙戏两湖，雪芹之祖籍，古城新辽阳"，设置文字的大小与颜色，并放置在合适的位置。"古城新辽阳"广告的制作效果如图 3-1 所示。

▶ 温馨小提示

将矢量蒙版转换为图层蒙版的操作是不可逆的，即无法将图层蒙版还原成一个矢量蒙版。

图 3-27 "色彩平衡"参数设置及效果

3.1.5 案例拓展

现有"11.jpg""12.jpg""13.jpg""14.jpg"素材文件，如何制作"三菱越野车"广告？同学边讨论边做，教师加以指导。

3.1.5.1 制作效果（"三菱越野车"广告）

"三菱越野车"广告的制作效果如图 3-28 所示。

图 3-28 "三菱越野车"广告的制作效果

3.1.5.2 制作实现（"三菱越野车"广告）

（1）新建 650×450 像素、背景颜色为白色的文档。

（2）打开"11.jpg"素材文件，把其拖到新建文档中生成"图层 1"，按"Ctrl＋T"组合键，对其进行缩放，效果如图 3-29 所示。

（3）打开"12.jpg"素材文件，把其拖到新建文档中生成"图层 2"，按"Ctrl＋T"组合键，对其进行缩放，单击"添加图层蒙版"按钮，设置前景色为黑色，选单击"柔角画笔工具"按钮进行涂抹，隐藏图像边缘的部分，效果如图 3-30 所示。

图 3-29 拖动素材文件到新建文档

图 3-30 添加图层蒙版的效果

（4）打开"13.jpg"素材文件，把其拖到新建文档中生成"图层 3"，按"Ctrl+T"组合键，对其进行缩放，单击"魔棒工具"按钮，选中背景的白色，按 Delete 键删除，按"Ctrl+D"组合键取消选取；单击"编辑"菜单→"变换"→"扭曲"命令，使汽车轮胎落到岩石上，效果如图 3-31 所示。

图 3-31 扭曲后的效果

（5）打开"14.jpg"素材文件，把其拖到新建文档中生成"图层 4"，按"Ctrl+T"组合键，对其进行缩放，单击"魔棒工具"按钮，选中背景的白色，按 Delete 键删除，按"Ctrl+D"

组合键取消选取，并放置到合适位置，单击"圆角矩形工具"按钮，绘制一个圆角矩形，其参数设置如图 3-32 所示，单击"图层"菜单→"矢量蒙版"→"当前路径"命令，为该图层添加"描边"样式，参数设置及"三菱越野车"广告的最终效果如图 3-33 所示。

图 3-32 "圆角矩形工具"选项栏参数设置

图 3-33 参数设置及"三菱越野车"广告的最终效果

班级	姓名	学号	评价内容	评价等级	成绩
			知识点	优	
				良	
				中	
				及格	
				不及格	
			技能点	优	
				良	
				中	
				及格	
				不及格	
			综合评定成绩		

任务3.2　个人网站界面设计

任务描述

本任务是制作"宏姐"网站界面。首先应用渐变工具填充背景，然后设置图层模式，使图片叠加更自然流畅；运用图层蒙版，添加渐变填充，使图片的合成没有界限感；运用图层样式，使某一部分更加凸出。

3.2.1　案例制作效果（"宏姐"网站界面）

"宏姐"网站界面的制作效果如图3-34所示。

图3-34　"宏姐"网站界面的制作效果

3.2.2　案例分析（"宏姐"网站界面）

现有"24.jpg""25.jpg""26.jpg""27.jpg"素材图片，如何制作"宏姐"网站界面呢？下面先带领读者进行知识的储备，然后实现案例的制作。

3.2.3　相关知识讲解

3.2.3.1　组合模式组

1．"正常"模式

用当前图层像素的颜色叠加下层颜色，图层的不透明度为100%时，完全遮住下面的像素，只有调整图层的不透明度才能看见下面的图层，如图3-35（a）所示。

2．"溶解"模式

把当前图层的像素以一种颗粒状的方式作用到下层，以获取融入式效果。将"图层"面板中的"不透明度"调低，溶解效果将更加明显，如图3-35（b）所示。

(a) (b)

图 3-35 "正常"模式和"溶解"模式
(a)"正常"模式；(b)"溶解"模式

3.2.3.2 加深模式组

使用加深模式组得到的效果通常会使图像变暗。

1."变暗"模式

对两个图层的 RGB 值分别进行比较，取二者中的低值再组合混合后的颜色，所以总的颜色灰度降低，产生变暗的效果。

2."正片叠底"模式

当前图层中的像素与底层的白色混合时保持不变，与底层的黑色混合时则被其替换。图层混合后的效果是低灰阶的像素显现，而高灰阶的像素不显现，产生正片叠加的效果。

3."颜色加深"模式

通过增加对比度来加强深色区域，增加的颜色越亮，效果就越细腻。

4."线性加深"模式

通过降低亮度来使像素变暗，它与"正片叠底"模式的效果相似，但可以保留下面图像更多的颜色信息。

5."深色"模式

比较两个图层中的所有通道值的总和，并显示较小值的颜色。

3.2.3.3 减淡模式组

减淡模式组属于变亮型混合模式，使用这一组混合模式得到的效果通常会使图像变亮。

1."变亮"模式

比较两个图片混合之后的亮度，选择其中较亮的像素保留下来，形成变亮的效果。用黑色合成图像时无作用，用白色合成图像时仍为白色，和"变暗"模式正好相反。

2."滤色"模式

与"正片叠底"模式的效果正好相反，它可以使图像产生漂白的效果，用黑色过滤时颜色保持不变，用白色过滤时将产生白色。

3."颜色减淡"模式

该模式会增加图层的对比度，加上的颜色越暗，效果越细腻，与"颜色加深"模式的效果正好相反。

4."线性减淡（添加）"模式

其亮化效果比"滤色"和"颜色减淡"模式都要强烈，通过增加亮度来使底层颜色变亮，以此获得混合的色彩，与黑色混合没有任何效果。

5．"浅色"模式

比较两个图层的所有通道值的总和并显示较大值的颜色，不会生成 3 种颜色。

3.2.3.4 融合模式组

使用融合模式组中的混合模式，可以将当前图层中的图像与其下方的图像进行融合。

1．"叠加"模式

显现两个图层较大的灰阶，而较低的灰阶则不显现，产生一种漂白的效果。

2．"柔光"模式

在这种模式下，原始图像与色彩、图像进行混合，并根据混合图像决定原始图像变亮还是变暗，原始图像亮，混合图像则更亮；原始图像暗，混合图像则更暗。

3．"强光"模式

在当前图层中，比 50%的灰色亮的像素会使图像变亮，比 50%的灰色暗的像素会使图像变暗，产生如强烈灯光照射的效果。

4．"亮光"模式

如果上层图像的颜色高于 50%的灰色，则用增加对比度的方式使画面变亮，反之用降低对比度的方式使画面变暗。

5．"线性光"模式

如果上层图像的颜色高于 50%的灰色，则用增加亮度的方式使画面变亮，反之用降低亮度的方式使画面变暗。

6．"点光"模式

如果上层图像的颜色高于 50%的灰色，则替换暗的像素，反之替换亮的像素。

7．"实色混合"模式

如果上层图像的颜色高于 50%的灰色，那么底层图像则会变亮，反之底层图像则会变暗。

3.2.3.5 比较模式组

1．"差值"模式

将要混合的图层双方的 RGB 值中每个值分别进行比较，用高值减去低值作为合成后的颜色。这种模式经常被用来得到负片效果的反相图像。

2．"排除"模式

用较高阶或较低阶颜色去合成图像时与差值模式毫无区别，使用趋于中间阶调的颜色则效果会有区别，总的来说效果比"差值"模式要柔和。

3．"减去"模式

可从目标通道中相应的像素上减去原通道中的像素值，相当于把原始图像与混合图像相对应的像素提取出来并将它们相减。

4．"划分"模式

查看每个通道中的颜色信息，从基色中划分混合色。

3.2.3.6 色彩模式组

1．"色相"模式

当前图层的色相值会替换下层图像的色相值，而饱和度和亮度值不变。

2."饱和度"模式

当前图层的饱和度会替换下层图像的饱和度,而色相值和亮度值不变。

3."颜色"模式

当前图层的色相值与饱和度会替换下层图像的色相值和饱和度,而亮度值不变。

4."明度"模式

当前图层的亮度值会替换下层图像的亮度值,而色相值和饱和度不变。

例 3.3:"雪花文字"图片的制作。

操作步骤如下:

(1)打开"16.jpg"素材文件,输入文字"snow",填充为橘黄色。

(2)栅格化文字图层,复制文字图层并添加"斜面与浮雕"图层样式,如图 3-36 所示。

 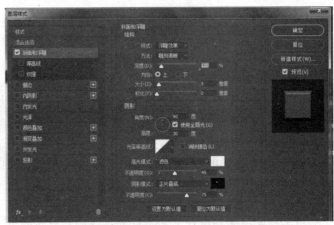

图 3-36 "斜面与浮雕"图层样式

(3)把添加了图层样式的文字图层的颜色改为白色,把未添加图层样式的文字图层置顶,并把该层的图层混合模式改为"溶解",将不透明度设置为 50%,最后的效果如图 3-37 所示。

图 3-37 "雪花文字"图片的制作效果

例 3.4:"小桥人家"图片的制作。

操作步骤如下:

(1)打开"17.jpg"素材文件,复制图层,单击"滤镜"菜单→"模糊"→"高斯模糊"命令,设置模糊半径为 3,并设置该图层的图层模式为"柔光"。

(2)新建图层并填充为白色,设置该图层的图层模式为"叠加",设置不透明度为 50%,原图与效果图的对比如图 3-38 所示。

图 3-38　原图与效果图的对比("小桥人家"图片)

例 3.5:音乐海报的制作。

操作步骤如下:

(1)打开"18.jpg"素材文件,打开"19.jpg"素材文件并拖至"18.jpg"素材文件中,设置该图层的图层模式为"排除"。

(2)打开"20jpg"素材文件,并拖至文档中,设置该图层的图层模式为"变暗",最后效果如图 3-39 所示。

例 3.6:"眼中的彩色世界"图片的制作。

操作步骤如下:

(1)打开"21.jpg"素材文件,新建图层,使用柔角的蓝色(R6,G70,B232)画笔,在瞳孔位置涂抹,将该图层混合模式更改为"颜色",将该图层的不透明度设置为 50%,如图 3-40 所示。

图 3-39　音乐海报的制作效果

图 3-40　颜色混合样式的效果

（2）再次新建图层，用柔角的咖啡色（R132，G81，B36）画笔在眼球以外的部分涂抹，将图层混合模式更改为"颜色"，将该图层的不透明度设置为75%。最终效果如图3-41所示。

图3-41 "眼中的多彩世界"图片的制作效果

例3.7："复杂纹身"图片的制作。

操作步骤如下：

（1）打开"22.jpg"素材文件，然后打开"23.jpg"素材文件。

（2）将"23.jpg"素材文件拖至"22.jpg"素材文件中，调整图片大小并设置该图层的图层模式为"线性加深"，最后效果如图3-42所示。

3.2.4 案例实现（"宏姐"网站界面）

操作步骤如下：

（1）打开"24.jpg"素材文件，新建"图层 1"，单击"渐变工具"按钮，渐变填充的参数设置如图3-43所示。设置蓝色到黄色的线性渐变填充，然后设置该图层的图层混合模式为"变亮"，效果如图3-44所示。

（2）打开"25.jpg"素材文件，将其拖曳到"24.jpg"

图3-42 "复杂纹身"图片的制作效果

素材文件上并放置到左侧，设置该图层的图层模式为"柔光"，然后为该图层添加图层蒙版，使用黑白渐变填充图层蒙版，将图像右侧边缘隐藏，如图3-45所示。

图3-43 渐变填充的参数设置

项目 3 图 层

图 3-44 "变亮"混合模式的效果

图 3-45 "柔光"混合模式的效果

（3）打开"26.jpg"素材文件，将其拖曳到"24.jpg"素材文件上并放置到左上部，使用魔棒工具选取"24.jpg"素材文件中的白色部分并删除，按"Ctrl+D"组合键取消选取。为该图层添加图层蒙版，选择渐变工具，设置白色到黑色的渐变，并在"渐变工具"选项栏中选择"对称渐变"选项，从"26.jpg"素材文件的中心向右下角拖拉，隐藏左上角和右下角，效果如图 3-46 所示。

图 3-46 白色到黑色渐变填充的效果

(4)打开"27.jpg"素材文件,单击"快速选取工具"按钮,把"钢笔"图像抠出,并拖曳到"24.jpg"素材文件上,放置到合适的位置,效果如图 3-47 所示。

图 3-47　抠取并拖曳"钢笔"图像的效果

(5)新建"图层 5",单击"椭圆选框工具"按钮绘制椭圆选区,单击鼠标右键,在弹出的快捷菜单中选择"变换选区"命令,并调整选区的形状,然后单击"编辑"菜单→"描边"命令,参数设置及效果如图 3-48 所示。

图 3-48　参数设置及绘制椭圆并描边的效果

(6)单击"文本工具"按钮,输入"'宏姐'网站",颜色为#390208,单击"添加图层样式"按钮,参数设置及"宏姐"网站界面的最终效果如图 3-49 所示。

图 3-49　参数设置及"宏姐"网站界面的最终效果

▶ 温馨小提示

对于黑色、白色、灰色区域,"颜色"模式不起作用。

3.2.5 案例拓展

现有"28.jpg""29.jpg""30.jpg"素材文件,如何制作个人网站 logo 呢?同学边讨论边做,教师加以指导。

3.2.5.1 制作效果(艺术海报)

艺术海报的制作效果如图 3-50 所示。

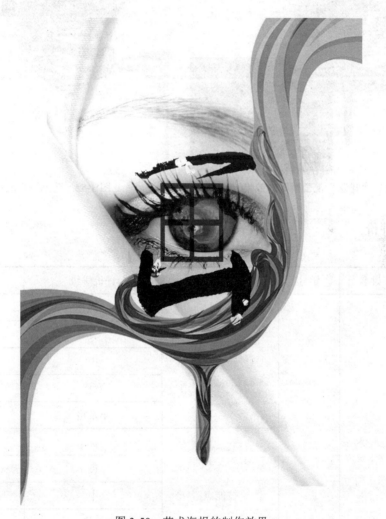

图 3-50　艺术海报的制作效果

3.2.5.2 制作实现(艺术海报)

(1)打开"28.jpg""29.jpg"素材文件,把"29.jpg"素材文件拖曳到"28.jpg"素材文件上,按"Ctrl+T"组合键,调整"图层 1"的大小与位置,并设置图层混合模式为"排除",效果如图 3-51 所示。

（2）打开"30.jpg"素材文件，把其拖曳到"28.jpg"素材文件上，按"Ctrl+T"组合键，调整"图层2"的大小与位置，并设置图层混合模式为"实色混合"，艺术海报的最终效果如图 3-52 所示。

图 3-51 "排除"混合模式的效果

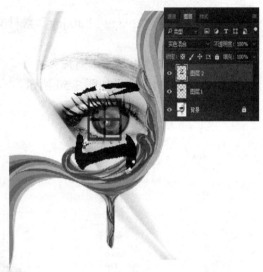

图 3-52 艺术海报的最终效果

任务评价

班级	姓名	学号	评价内容	评价等级	
				优	
				良	
			知识点	中	
				及格	
				不及格	
				优	
				良	
			技能点	中	
				及格	
				不及格	
			综合评定成绩		

任务3.3 标志设计

任务描述

本项目是制作儿童教育机构标志。首先应用魔棒工具把图标选取出来,然后运用剪贴蒙版和磁性套索工具制作重叠的部分的选区,更换填充颜色,制作图标。

3.3.1 案例制作效果(儿童教育机构标志)

儿童教育机构标志的制作效果如图3-53所示。

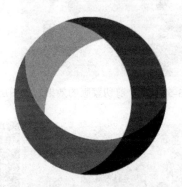

图3-53 儿童教育机构标志的制作效果

3.3.2 案例分析(儿童教育机构标志)

现有"41.jpg""42.jpg""43.jpg"素材文件,如何制作儿童教育机构标志呢?下面先带领读者进行知识的储备,然后实现案例的制作。

3.3.3 相关知识讲解

3.3.3.1 剪贴蒙版

剪贴蒙版是一种常用的混合文字、形状及图像的工具,剪贴蒙版是通过处于下方图层的形状限制上方图层的显示状态而创造混合的效果。

1. 剪贴蒙版的工作原理

剪贴蒙版是把基底图层有像素的部分显示出来,隐藏掉超出的部分,达到一种剪贴的效果,如图3-54所示。

剪贴蒙版是由多个图层组成的,最下面的一个图层叫作基底图层,位于其上的图层叫作顶层图层。基底图层只能有一个,顶层图层可以有若干个,但必须保证相邻,如图3-55所示。

基底图层中包含像素的区域控制着内容图层的显示范围,因此,移动基底图层就可以改变顶层图层的显示内容。

图3-54 单个剪切蒙版的效果与"图层"面板

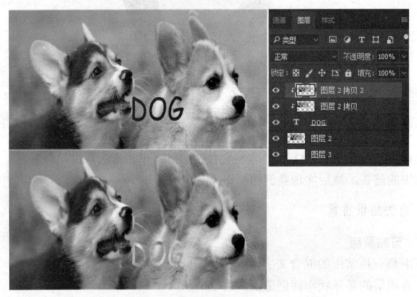

图3-55 多个剪切蒙版的效果与"图层"面板

2. 创建剪贴蒙版

在保证两个有像素的图层的前提下,对顶层的图像,单击"图层"菜单→"创建剪贴蒙版"命令,也可以通过按"Alt+Ctrl+G"组合键来创建剪贴蒙版。剪贴蒙版的基底图层名称带有下划线，顶层图层缩略图是缩进的,如图3-55中图层部分的显示。

3. 释放剪贴蒙版

如果想取消剪贴蒙版,单击"图层"菜单→"释放剪贴蒙版"命令,也可以按"Alt+Ctrl+G"组合键来释放剪贴蒙版。

3.3.3.2 常用的剪贴蒙版类型

1. 图像型剪贴蒙版

图像型剪贴蒙版是图像与图像之间的剪贴方式，图像是剪贴蒙版中内容层经常用到的元素，有时候图像也会作为基底图层出现，如图 3-56 所示。

图 3-56　图像作为基底图层的剪贴蒙版及"图层"面板

2. 文字型剪贴蒙版

文字型剪贴蒙版是图像与文字之间的剪贴方式，当图像所在的普通图层与文字图层组合在一起形成剪贴蒙版时，文字图层通常以基底图层的形式出现在剪贴蒙版中，如图 3-57 所示。

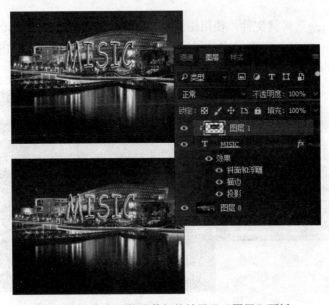

图 3-57　文字型剪贴蒙版的效果及"图层"面板

3. 调整图层型剪贴蒙版

调整图层型剪贴蒙版是图像与调整图层之间的剪贴方式，调整图层通常作为内容层出现于剪贴蒙版中，起到对下方的基底图层中的图像进行调整的作用，如图 3-58 所示。

图 3-58　调整图层型剪贴蒙版的效果及"图层"面板

4. 矢量型剪贴蒙版

矢量型剪贴蒙版是图像与矢量图层之间的剪贴方式，由于矢量蒙版图层可以保证矢量蒙版图层中矢量路径外形的光滑度，因此矢量型剪贴蒙版常用于基底图层确定剪贴蒙版的外形，其优点是可以随时根据需要通过调整矢量蒙版图层的矢量路径来调整最终效果。

例 3.8："奔腾烈马画框"图片的制作。

操作步骤如下：

（1）打开"37.jpg"素材文件，使用磁性套索工具在相框内部绘制选区，按"Ctrl+J"组合键将选区中的图像复制到新图层中，得到"图层 1"。为该图层添加"内阴影"图层样式，参数设置如图 3-59 所示。

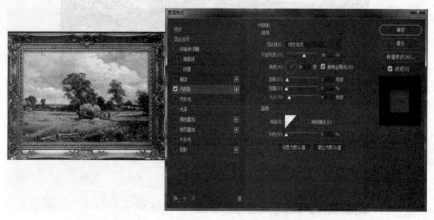

图 3-59　绘制选区及图层样式参数设置

（2）打开"38.jpg"素材文件，拖至"图层 1"的上方并适当调整大小，按"Ctrl＋J＋Alt"组合键创建剪贴蒙版。按 Ctrl 键，单击"图层 1"缩略图将其载入选区，单击"创建新的填充"按钮，在弹出的快捷菜单中选择"渐变"命令。设置"渐变填充"对话框，如图 3-60 所示，然后按"Ctrl＋J＋Alt"组合键创建剪贴蒙版。

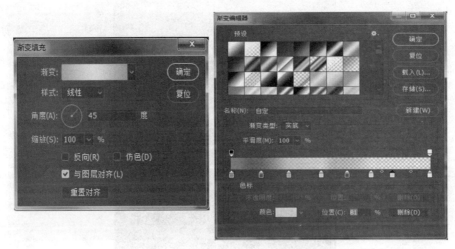

图 3-60　"渐变填充"参数设置

（3）设置图层"渐变填充 1"的混合模式为"滤色"，不透明度为 40%。最终效果及"图层"面板如图 3-61 所示。

图 3-61　最终效果及"图层"面板

例 3.9：制作艺术插图效果，将文件保存为"插图.psd"。

操作步骤如下：

（1）打开"39.jpg"素材文件，使用自定形状工具绘制图 3-62 所示的路径，在"图层"面板底部单击"创建调整图层"按钮，添加"增强对比度 1"调整图层，并设置图层模式为"正片叠底"，如图 3-63 所示。

图 3-62 绘制自定形状

图 3-63 调整效果及"图层"面板

（2）为调整图层添加"投影"图层样式，参数保持默认，如图 3-64 所示。

项目 3　图　层

图 3-64　"投影"图层样式的效果及参数设置

（3）把"40.jpg"素材文件拖入文件中，按"Ctrl＋J＋Alt"组合键设置剪贴蒙版，如图 3-65 所示。

图 3-65　剪贴蒙版的效果及"图层"面板

5．渐变型剪贴蒙版

渐变型剪贴蒙版是图像与渐变之间的剪贴方式，图像与渐变的剪贴是指一个普通图层与一个渐变填充图层或带有渐变效果的图层组成的剪贴蒙版。通常情况下，带有渐变的图层都出现在内容图层之中。

3.3.4 案例实现（儿童教育机构标志）

操作步骤如下：

（1）新建 25.4 cm×25.4 cm 的背景颜色为白色的文档。打开"41.jpg"素材文件，单击"魔棒工具"按钮，选中图形部分，把图形拖曳到新建文档中，生成"图层 1"，效果如图 3-66 所示。

（2）打开"42.jpg"素材文件，单击"魔棒工具"按钮，选中图形部分，把图形拖曳到新建文档中，生成"图层 2"，按"Ctrl＋Alt＋G"组合键，创建剪贴蒙版，效果如图 3-67

图 3-66　拖曳文件后的效果

所示。单击"磁性套索工具"按钮，创建公共选区，按"Ctrl＋C"组合键进行复制，按"Ctrl＋V"组合键进行粘贴，生成"图层 3"，并将其填充为红色，在"图层 2"上单击鼠标右键，选择"释放剪贴蒙版"命令，效果如图 3-68 所示。

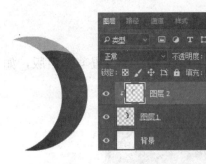

图 3-67　创建剪贴蒙版后的效果及"图层"面板（1）

图 3-68　释放剪贴蒙版，创建公共选区（1）

（3）打开"43.jpg"素材文件，单击"魔棒工具"按钮，选中图形部分，把图形拖曳到新建文档中，生成"图层 4"，按"Ctrl＋Alt＋G"组合键，创建剪贴蒙版，效果如图 3-69 所示。单击"磁性套索工具"按钮，创建公共选区，按"Ctrl＋C"组合键进行复制，按"Ctrl＋V"组合键进行粘贴，生成"图层 5"，并将其填充为深黄色，在"图层 4"上单击鼠标右键，选择"释放剪贴蒙版"命令，效果如图 3-70 所示。

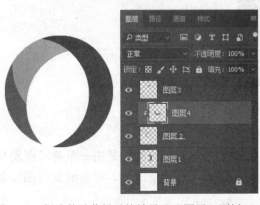

图 3-69　创建剪贴蒙版后的效果及"图层"面板（2）

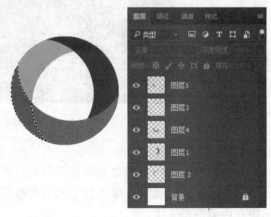

图 3-70　释放剪贴蒙版，创建公共选区（2）

（4）把"图层1"移动到"图层2"的上方，选中"图层4"，按"Ctrl＋Alt＋G"组合键，创建剪贴蒙版，效果如图3-71所示。单击"磁性套索工具"按钮，创建公共选区，按"Ctrl＋C"组合键进行复制，按"Ctrl＋V"组合键进行粘贴，生成"图层6"，并将其填充为黑色，在"图层4"上单击鼠标右键，选择"释放剪贴蒙版"命令，效果如图3-72所示。

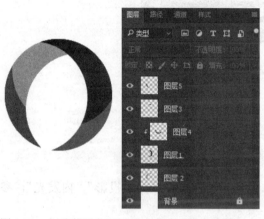

图3-71 创建剪贴蒙版后的效果及"图层"面板（3）　　图3-72 释放剪贴蒙版，创建公共选区（3）

（5）按"Ctrl＋D"组合键取消选取。儿童教育机构标志的最终效果如图3-53所示。

▶ 温馨小提示

只有连续图层才能进行剪贴蒙版操作。

创建文字型剪贴蒙版的优点是能够使文字体现丰富的图像效果，另外由于文字图层本身具有很强的可编辑性，因此当文字内容发生变化后，只需要简单修改文字图层中的文字即可。

3.3.5 案例拓展

现有"44.jpg""45.jpg"素材文件，如何制作"企业个性标志鼠标"图片呢？同学边讨论边做，教师加以指导。

3.3.5.1 制作效果（"企业个性标志鼠标"图片）

"企业个性标志鼠标"图片的制作效果如图3-73所示。

3.3.5.2 制作实现（"企业个性标志鼠标"图片）

操作步骤如下：

（1）打开"44.jpg""45.jpg"素材文件，单击"快速选择工具"按钮，选取"橄榄球"图形，把"橄榄球"图形拖曳到"45.jpg"素材文件中，生成"图层1"，按"Ctrl＋T"组合键进行自由缩放，按"Ctrl＋Alt＋G"

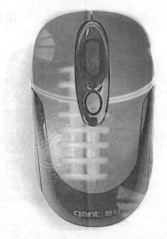

图3-73 "企业个性标志鼠标"图片的制作效果

组合键创建剪贴蒙版,设置"图层1"的混合模式为"强光",把多余的部分用橡皮擦工具擦掉,效果如图3-74所示。

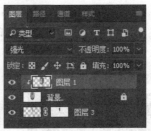

图3-74 创建剪贴蒙版后的效果及"图层"面板

(2)单击背景图层的"锁"图标进行解锁,然后设置图层样式为"投影""内发光",参数设置及效果如图3-75、图3-76所示。

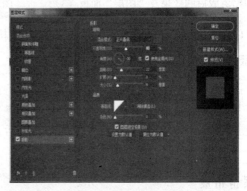

图3-75 "投影"参数的设置及效果

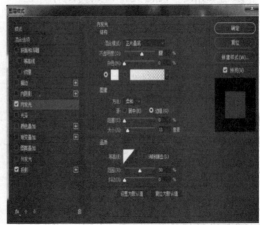

图3-76 "内发光"参数设置及效果

（3）隐藏"图层1"，选中"背景"图层，单击"椭圆选框工具"按钮，在鼠标接缝处创建一个选区，单击选项栏中的"从选区减去"按钮，再创建一个椭圆选区，效果如图3-77所示。单击选项栏中的"添加到选区"按钮，再创建一个椭圆选区，效果如图3-78所示。

图3-77　减去选区的绘制　　　　　　　　图3-78　添加选区的绘制

（4）把选区填充为蓝色，按"Ctrl+C"组合键复制选区内的图像，生成"图层2"，并将"图层2"的混合模式设置为"线性光"，单击"添加图层蒙版"按钮，用柔边缘画笔把鼠标的滚轮部分涂抹出来，"企业个性标志鼠标"图片的最终效果如图3-79所示。

图3-79　"企业个性标志鼠标"图片的最终效果

任务评价

班级	姓名	学号	评价内容	评价等级	成绩
				优	
				良	
			知识点	中	
				及格	
				不及格	

续表

班级	姓名	学号	评价内容	评价等级	成绩
			技能点	优	
				良	
				中	
				及格	
				不及格	
			综合评定成绩		

项目3 综合评价

班级	姓名	学号	评价内容	评价等级	成绩
			任务3.1	优	
				良	
				中	
				及格	
				不及格	
			任务3.2	优	
		项目3 知识与技能 综合评定		良	
				中	
				及格	
				不及格	
			任务3.3	优	
				良	
				中	
				及格	
				不及格	
			综合评定成绩		

项目 4
滤镜的应用

● **项目场景**

本项目是使用 Photoshop CC 的滤镜功能进行封面、包装、网站的设计。在本项目中,利用滤镜库、智能滤镜制作了"青春阳光"封面、"运动鞋"海报;利用"模糊"滤镜组、"渲染"滤镜组制作了光芒四射的文字、牛奶文字;利用"扭曲"滤镜组、"模糊画廊"滤镜组、"像素化"滤镜组、"锐化"滤镜组制作了"牛奶饮料"包装、"跳跳逗"包装;利用"风格化""杂色""其他"滤镜组制作了汽车网站背景图片、雅虎网站文字。通过本项目的学习,可以对封面、网站、包装、特殊文字进行设计开发,并将此成功应用到其他应用平台项目中,为练就设计的基本功打下良好的基础。

● **需求分析**

要想设计出有视觉冲击的封面、特殊文字、包装、网站元素,滤镜的使用是必不可少的,滤镜的特殊效果直接影响视觉的效果,滤镜的效果决定了设计的性能,因此,滤镜的正确运用是平面设计师的基本功。本项目介绍滤镜、滤镜库、智能滤镜;"模糊"滤镜组、"渲染"滤镜组、"扭曲"滤镜组、"模糊画廊"滤镜组、"像素化"滤镜组、"锐化"滤镜组、"风格化"滤镜组、"杂色"滤镜组、"其他"滤镜组。

● **方案设计**

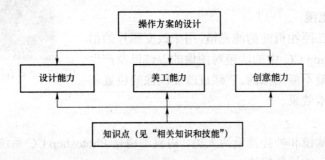

● **相关知识和技能**

技能点:

(1)利用滤镜库、智能滤镜设计封面,从而训练平面设计师的设计能力;

(2)利用"模糊"滤镜组、"渲染"滤镜组、"扭曲"滤镜组、"模糊画廊"滤镜组、"像素化"滤镜组、"锐化"滤镜组进行网站元素、包装的设计,从而训练平面设计师的

Photoshop CC 平面设计

美工能力;

(3)利用滤镜库的特殊效果进行设计,从而训练平面设计师的创意能力。

知识点:

(1)滤镜:滤镜、滤镜库、智能滤镜;

(2)特殊滤镜组:"模糊"滤镜组、"渲染"滤镜组、"扭曲"滤镜组、"模糊画廊"滤镜组、"像素化"滤镜组、"锐化"滤镜组、"风格化"滤镜组、"杂色"滤镜组、"其他"滤镜组。

任务4.1 封面设计

 任务描述

本任务是制作"青春阳光"封面。任务中利用了"滤镜"菜单中的"风格化"选项中的"等高线"命令,还利用图层混合模式加深了背景的颜色,同时导入了"墨迹喷溅的笔刷",做出不同样式的喷溅效果,更加凸出阳光的个性。

4.1.1 案例制作效果("青春阳光"封面)

"青春阳光"封面的制作效果如图 4-1 所示。

4.1.2 案例分析("青春阳光"封面)

现有"9.jpg"素材图片,如何制作"青春阳光"封面呢?下面先带领读者进行知识的储备,然后实现案例的制作。

4.1.3 相关知识讲解

4.1.3.1 认识滤镜

滤镜源于安装在照相机前的滤光镜,用来改变照片的拍摄方式。而 Photoshop CC 中的滤镜对图像的改进以及产生的特殊效果是滤光镜不能比拟的,它通过改变图像的位置和颜色来生成各种艺术效果。

图 4-1 "青春阳光"封面的制作效果

1. 滤镜的分类

滤镜分为内置滤镜和外挂滤镜两大类。内置滤镜是 Photoshop CC 系统提供的滤镜,外挂滤镜则是从外部载入的插件模块。

2. 滤镜的使用

1)滤镜的使用范围

滤镜只能作用于当前图层,不能同时作用于多个图层,并且必须保证选择的图层是可见的。特殊的图层不能直接应用滤镜,如文字图层和形状图层等,需要栅格化图层。如果图层中创建了选区,则滤镜作用限制在选区内的图像。如果图层没有选区,"滤镜"菜单命令则作用于当前图层中的全部图像。也可以对选择图层中的通道执行"滤镜"菜单命令。

2）执行"滤镜"菜单命令。

当执行一个"滤镜"菜单命令后，"滤镜"菜单的顶部会出现该滤镜的名称，单击该菜单命令可以快速应用该滤镜，也可以使用"Ctrl+F"组合键执行操作。如果要对滤镜的设置进行调整，可以通过"Ctrl+F+Alt"组合键打开上次使用滤镜的对话框。

4.1.3.2 滤镜库

滤镜库的特点是可以在一个对话框中应用多个相同或者不同的滤镜，还可以根据需要调整这些滤镜应用到图像中的顺序与参数，提高使用多个滤镜进行图像处理时的灵活性与机动性，大大提高了工作效率。

1. 使用滤镜库

打开图像，单击"滤镜"菜单→"滤镜库"命令，即可打开"滤镜库"对话框，如图4-2所示。对话框左侧是预览区，中间是可供选择的道锁组，右侧是对应滤镜的参数设置区。

图4-2 "滤镜库"对话框

2. 照亮边缘

"照亮边缘"滤镜是滤镜库中"风格化"滤镜组中唯一的滤镜。该滤镜的作用是将图像的边缘照亮，与之相对应的边缘宽度、边缘亮度和平滑度3个参数可以调整照亮边缘的设置。

3. 画笔描边

滤镜库中"画笔描边"滤镜组的主要作用是使用不同的画笔和油墨进行边缘的勾画，从而表现绘画效果。

4. 扭曲

滤镜库中"扭曲"滤镜组的主要作用是对图像的像素进行移动和缩放等处理，使图像产生各种扭曲变形。

5. 素描

滤镜库中"素描"滤镜组常用来模拟素描和速写等艺术效果或手绘外观，"素描"滤镜组中几乎都要使用前景色和背景色重绘图像，可以设置不同的颜色来取得不同的效果。

6. 纹理

滤镜库中"纹理"滤镜组的主要功能是使图像产生各种有深度质感的纹理效果。

7. 艺术效果

滤镜库中的"艺术效果"滤镜组可以模仿自然或传统介质的效果，使图像呈现具有艺术特色的绘画效果。

8. 同时添加多个滤镜效果

在滤镜库中可以通过创建新的效果图层来同时为图像添加多个滤镜效果。通过单击"滤镜库"对话框底部的"新建效果图层"按钮创建一个效果图层，选择相应的滤镜即可为图像添加多个滤镜效果。

4.1.3.3 智能滤镜

在为图像添加滤镜效果时，可以先把图层转换为智能对象，之后为智能对象添加滤镜效果，这样应用于智能对象的滤镜叫作"智能滤镜"。使用智能滤镜可以非常便捷地进行调整、移除等操作，而且不会丢失原始图像数据或降低品质。

1. 智能对象

智能对象是一种特殊的图层对象，可以将一个文件的内容以一个图层的方式放入图像中使用。可以形象地将智能对象图层理解为一个容器，其中存储着位图和矢量信息，利用智能对象功能进行图像处理，具有更强的可编辑性和灵活性。

图 4-3　将图转换为智能对象

1）创建智能对象

选中一个图层，单击"图层"菜单→"智能对象"→"转换为智能对象"命令，或者用鼠标右键单击该图层，在弹出的菜单中选择"转换为智能对象"命令均能将图层转换为智能对象，这时图层缩略图右下角会出现智能对象的图标，如图 4-3 所示。

2）编辑智能对象

（1）修改智能对象的内容。

其操作方法是：单击"图层"菜单→"智能对象"→"编辑内容"命令，会在一个新的窗口中打开智能对象。

（2）将一个图层转换为智能对象。

其操作方法是：按"Ctrl+J"组合键进行图层的复制，被复制的图层称为智能对象的实例，它与原智能对象保持链接关系。

3）栅格化智能对象

选择智能对象的图层，单击"图层"菜单→"智能对象"→"栅格化"命令，或者在该图层上单击鼠标右键，在菜单中选择"栅格化图层"命令，都可以将智能对象转换为普通图层，同时原图层缩略图上的智能对象图标会消失。

2. 智能滤镜

应用于智能对象的滤镜叫作智能滤镜。智能滤镜会出现在智能对象图层的下方。由于可以调整、移除或隐藏智能滤镜，因此，这些滤镜操作是非破坏性的。

1）创建智能滤镜

选中图层，单击"滤镜"菜单→"转换为智能滤镜"命令，即可将图层转换为智能对象。可以为智能滤镜图层添加多种滤镜效果，它们会按照先后顺序排列在智能滤镜下的列表中，先执行的"滤镜"菜单命令会排在后执行的"滤镜"菜单命令之下，如图 4-4 所示。如果在添加智能滤镜效果之前创建了选区,那么智能滤镜效果将会被限制在选定区域内,如图4-5所示。

　　图4-4　智能滤镜效果与"图层"面板　　图4-5　智能滤镜效果被限制在选定区域内

2）编辑智能滤镜

在智能滤镜的列表中双击滤镜的名称,即可打开该滤镜参数和选项设置的对话框。在智能滤镜图层的右边,有一个编辑混合选项图标 ,双击它可以打开该滤镜的"混合选项"对话框,通过对话框可以设置滤镜效果的不透明度和混合模式;智能滤镜包含一个蒙版,它和图层蒙版的应用基本相同,用黑色、灰色以及白色控制智能滤镜中显示的区域,有选择地在图像上应用滤镜效果,用黑色画笔在蒙版中涂抹,可以改变"高斯模糊"滤镜效果的范围,如图4-6所示。

3）转移和复制智能滤镜

（1）转移智能滤镜。

在智能滤镜下面的列表中单击任意滤镜的名称,将其拖动到其他智能对象图层中,便可以将该智能滤镜从一个智能对象上转移到另个智能对象上。

图4-6　智能滤镜的"混合选项"
对话框和蒙版

（2）复制智能滤镜。

按住Alt键,再单击滤镜的名称进行拖动,松开鼠标后便可以复制智能滤镜。

4）停用和删除智能滤镜

（1）停用智能滤镜。

如果要停用智能滤镜,单击"图层"菜单→"智能滤镜"→"停用智能滤镜"命令。

（2）删除智能滤镜。

如果要删除智能滤镜,单击"图层"菜单→"智能滤镜"→"删除智能滤镜"命令。

例4.1：运动广告的制作。

操作步骤如下：

（1）新建 800×600 像素的文档，填充背景颜色为白色，打开"2.jpg"素材文件，并将其拖到新建文档中，单击"滤镜"菜单→"滤镜库"→"风格化"→"照亮边缘"命令，如图 4-7 所示。

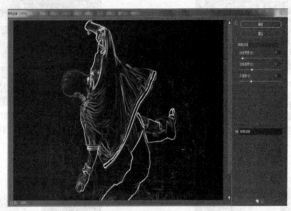

图 4-7 "照亮边缘"参数设置

（2）退出滤镜库，按"Ctrl+I"组合键对图像进行反相，设置图层的透明度为 80%，并为该层添加图层蒙版，屏蔽掉舞台的边缘，然后单击"图像"菜单→"调整"→"色相饱和度"命令，效果如图 4-8 所示。

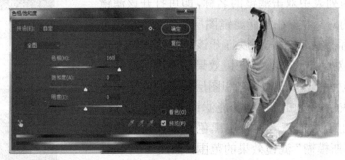

图 4-8 设置色相/饱和度后的效果

（3）打开"3.jpg"素材文件，将其拖到新建文档中，调整图层的位置和大小，设置图层的混合模式为"正片叠底"，然后打开"4.jpg"素材文件，调整图层的位置并添加图层蒙版，使用画笔工具在蒙版的人物手臂处涂抹，效果如图 4-9 所示。

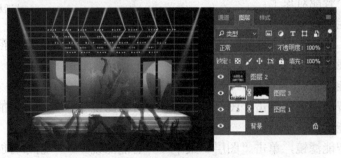

图 4-9 涂抹效果及"图层"面板

（4）输入文字，其最终效果如图 4-10 所示。

图 4-10　运动广告的最终效果

例 4.2：水墨画的制作。

操作步骤如下：

（1）打开"5.jpg"素材文件，单击"图像"菜单→"调整"→"去色"命令，按"Ctrl+L"组合键打开"色阶"对话框，将色阶调整为（0，1，153），按"Ctrl+I"组合键对图像进行"反相"，其效果如图 4-11 所示。

（2）单击"滤镜"菜单→"模糊"→"高斯模糊"命令，设置模糊半径为 1。再单击"滤镜"菜单→"滤镜库"→"画笔描边"→"喷溅"特效，设置喷色半径为 2，平滑度为 1，设置效果如图 4-12 所示，最后使用历史记录画笔工具恢复荷花的颜色，原图和最终效果的对比如图 4-13 所示。

图 4-11　参数设置后的效果　　　　图 4-12　设置"画笔描边"后的效果

(a) (b)

图 4-13 原图和最终效果的对比

(a) 原图；(b) 最终效果

例 4.3：斑驳文字的制作。

操作步骤如下：

（1）打开"6.jpg"图片，在"通道"面板中新建一个通道，然后输入文字，转换为选区后填充为白色，取消选择，单击"滤镜"菜单→"滤镜库"→"扭曲"→"海洋波纹"特效，设置波纹大小为13，波纹幅度为6，效果如图4-14所示。

（2）复制Alpha1通道，单击"滤镜"菜单→"滤镜库"→"素描"→"便纸条"特效，参数设置如图4-15所示。

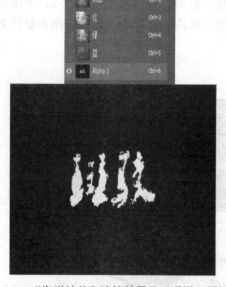
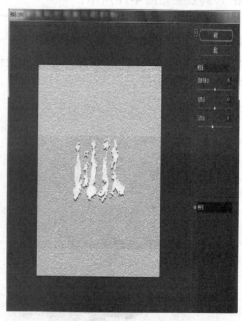

图 4-14 "海洋波纹"滤镜效果及"通道"面板   图 4-15 "便纸条"滤镜效果

（3）选择"Alpha1 复制"通道，载入"Alpha1"通道的选区，按"Ctrl+V"组合键将复制的通道粘贴到图层，最终效果如图4-16所示。

图 4-16 斑驳文字的最终效果

例 4.4："哈密瓜"图片的制作。

操作步骤如下：

（1）打开"7.jpg"素材文件，隐藏"背景"图层，新建"图层 1"并填充为白色，单击"滤镜"菜单→"滤镜库"→"纹理"→"染色玻璃"命令，设置"单元格大小"为 5，"边框粗细"为 3，"光照强度"为 3，效果如图 4-17 所示。

（2）使用魔棒工具选出黑色的图像区域，新建"图层 2"并填充黄色（#c7cab3），隐藏"图层 1"，复制"图层 2"，并适当调整图像的位置，使网格更复杂，效果如图 4-18 所示。新建"图层 3"，并填充为暗绿色（#30672d），单击"滤镜"菜单→"滤镜库"→"纹理"→"纹理化"命令，并设置"纹理"为"砂岩"，"缩放"为 60%，"凸现"为 8，然后将该图层拖至"图层 2"的下方。

图 4-17 "染色玻璃"滤镜效果

（3）为"图层 2"和"图层 2 拷贝"添加"斜面和浮雕"图层样式，参数保持默认。按"Ctrl+Alt+Shift+E"组合键，盖印图层并隐藏其他图层，使用椭圆工具建立选区，单击"滤镜"→"扭曲"→"球面化"命令，反相选区并删除多余图像，效果如图 4-19 所示。

图 4-18 调整图层网格的效果

图 4-19 "球面化"滤镜效果

（4）显示"背景"图层，调整"图层 4"的大小，使用"减淡工具"和"加深工具"调整哈密瓜的明暗关系，将哈密瓜的瓜蔓显现出来，最终效果如图 4-20 所示。

图 4-20 "哈密瓜"图片的最终效果

例 4.5：花纹字的制作。

操作步骤如下：

（1）打开"8.jpg"素材图片，在"通道"面板中新建一个通道，然后输入文字，字体为"Cooper Std"，转换为选区后填充为白色。

（2）取消选区，复制一个"Alpha1"通道，单击"滤镜"菜单→"滤镜库"→"艺术效果"→"塑料包装"命令，效果及参数设置如图 4-21 所示。

图 4-21 "塑料包装"滤镜效果及参数设置

（3）按住 Ctrl 键，单击"Alpha1 复制"通道缩略图载入选区，返回 RGB 复合通道，在"图层"面板中新建一个图层，在选区内填充白色。再次载入"Alpha1"通道的选区并将选区扩展 3 像素，为"图层 1"添加图层蒙版，如图 4-22 所示。

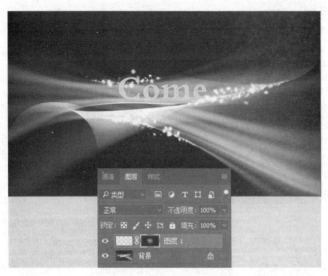

图 4-22 效果及"图层"面板

（4）为"图层 1"添加"投影"图层样式（角度为 90，距离为 8 像素，大小为 10 像素），继续添加"斜面和浮雕"图层样式（深度为 100%，大小为 6 像素）。新建"图层 2"，设置前景色为黑色，选择椭圆工具，在工具选项栏中单击"像素"工具模式，在画面中绘制几个圆形，如图 4-23 所示。

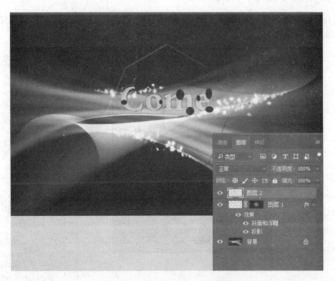

图 4-23 绘制椭圆后的效果

（5）单击"滤镜"菜单→"扭曲"→"波浪"命令，对圆点进行扭曲。按"Ctrl+Alt+G"组合键创建剪贴蒙版，将花纹的显示范围限制在下面的文字区域内，最终效果如图 4-24 所示。

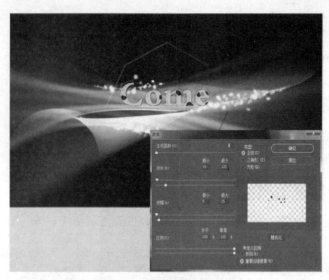

图 4-24 花纹字的最终效果

4.1.4 案例实现("青春阳光"封面)

操作步骤如下:

(1) 打开"9.jpg"素材文件,复制背景图层,单击"滤镜"菜单→"风格化"→"等高线"命令,参数设置如图 4-25 所示。

(2) 单击"图像"菜单→"调整"→"去色"命令,效果如图 4-26 所示。

图 4-25 "等高线"参数设置　　　　　　图 4-26 "去色"效果

(3) 单击"图像"菜单→"滤镜库"→"便条纸"命令,参数设置及效果如图 4-27 所示。

图 4-27 "便条纸"滤镜参数设置及效果

（4）新建图层，图层的填充色为"#bcad99"，设置图层的混合模式为"正片叠底"，效果如图 4-28 所示。

图 4-28 "正片叠底"效果

（5）复制背景图层，置于顶层。单击"图像"菜单→"调整"→"阈值"命令。参数设置及效果如图 4-29 所示。

（6）选中"背景拷贝 2"图层，设置图层混合模式为"正片叠底"，不透明度为 65%。效果如图 4-30 所示。

图 4-29　阈值设置及效果　　　　图 4-30　"正片叠底"模式的效果

（7）选中"背景拷贝 2"图层，单击"添加图层蒙版"按钮，选中蒙版缩略图，单击"画笔工具"按钮，选择"载入画笔"→"墨迹喷溅的笔刷"，如图 4-31 所示，用笔刷进行喷溅，其蒙版缩略图的效果如图 4-32 所示。

图 4-31　载入"墨迹喷溅的笔刷"

（8）新建"图层 2"，单击"画笔工具"按钮，选择红色为前景色，进行墨迹喷溅，并将图层混合模式设置为"划分"，如图 4-33 所示。

（9）复制背景图层，命名为"背景拷贝 3"，将其移到"图层 2"下方，单击"文本工具"按钮，输入"青春阳光"。"青春阳光"封面的最终效果如图 4-1 所示。

图 4-32 蒙版缩略图的效果

图 4-33 墨迹喷溅的效果

温馨小提示

同时选择多个图层，执行"转换为智能对象"命令，可以将它们打包到一个智能对象中。

4.1.5 案例拓展

现有"10.jpg"素材文件，如何制作运动鞋广告呢？同学边讨论边做，教师加以指导。

4.1.5.1 制作效果（运动鞋广告）

运动鞋广告的制作效果如图 4-34 所示。

图 4-34 运动鞋广告的制作效果

4.1.5.2 制作实现（运动鞋广告）

操作步骤如下：

（1）打开"10.jpg"素材文件，复制背景图层为"背景拷贝"图层。

（2）选中"背景拷贝"图层，单击"滤镜"菜单→"滤镜库"→"海报边缘"命令，参数设置及效果如图 4-35 所示。

图 4-35 "海报边缘"参数设置及效果

（3）选中"背景拷贝"图层，单击"滤镜"菜单→"滤镜库"→"纹理化"命令，参数设置及效果如图 4-36 所示。

图 4-36 "纹理化"参数设置及效果

（4）新建"矩形 1"图层，单击"矩形工具"按钮，绘制矩形，并单击"路径"面板上的"将路径作为选区载入"按钮，并将矩形选区的填充颜色设置为白色，绘制后的效果如图 4-37 所示。

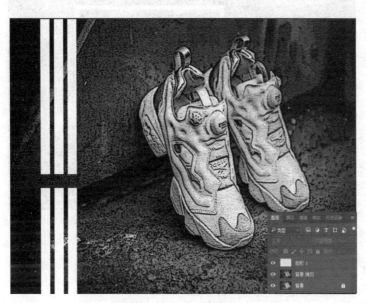

图 4-37　绘制矩形后的效果

（5）新建"矩形 2"图层，单击"矩形工具"按钮，绘制矩形，并单击"路径"面板上的"将路径作为选区载入"按钮，单击"编辑"菜单→"描边"命令，参数设置及效果如图 4-38 所示。

（6）单击"文本工具"按钮，输入"运动无限"，并把其放在合适的位置。运动鞋广告的最终效果如图 4-39 所示。

图 4-38　"描边"参数设置及矩形框的绘制效果

图 4-39 运动鞋广告的最终效果

任务评价

班级	姓名	学号	评价内容	评价等级	成绩
			知识点	优	
				良	
				中	
				及格	
				不及格	
			技能点	优	
				良	
				中	
				及格	
				不及格	
			综合评定成绩		

项目 4　滤镜的应用

任务 4.2　特殊文字的设计

 任务描述

本任务是制作光芒四射的文字。首先应用画笔工具在图片四周进行涂抹，然后运用"滤镜"菜单中的"径向模糊"命令制作光芒四射的效果，再利用图层混合模式进行设定，使光芒四射的效果更加突出。

4.2.1　案例制作效果（光芒四射的文字）

光芒四射的文字的制作效果如图 4-40 所示。

图 4-40　光芒四射的文字的制作效果

4.2.2　案例分析（光芒四射的文字）

现有"17.jpg"素材图片，如何制作光芒四射的文字呢？下面先带领读者进行知识的储备，然后实现案例的制作。

4.2.3　相关知识讲解

4.2.3.1　特殊滤镜

Photoshop CC 提供了一些特殊滤镜，用于特殊图像的制作，其中包括"液化""镜头校正""自适应广角"和"消失点"4 种滤镜，使用这些滤镜可以对图像进行变形操作、处理图像中的小瑕疵、对倾斜图像进行校正等。

1. "液化"滤镜

使用"液化"滤镜可以对图像的任意区域进行推拉、旋转、折叠、膨胀等操作，通过这些操作制作出特殊的图像效果。

在"液化"滤镜对话框中单击"向前变形工具"按钮 ，在图像中单击拖曳，即可使图像向鼠标指针拖曳的方向变形。单击拖曳"褶皱工具"按钮 ，可以使图像朝着画笔区域的中心移动，制作出缩小变形的效果。单击拖曳"膨胀工具"按钮 ，可以使图像朝着离开画笔区域中心的方向移动，制作出膨胀的效果。单击"左推工具"按钮 ，平行向右拖曳时，可以使图像向上移动。

2."镜头校正"滤镜

"镜头校正"滤镜多用于校正与相机相关的因拍摄造成的照片外形或颜色的扭曲，"镜头校正"滤镜可修复常见的镜头瑕疵，如桶形和枕形失真、晕影、色差等。

3."自适应广角"滤镜

"自适应广角"滤镜可以自动读取照片的 EXIF 数据，并进行校正，也可以根据使用的镜头类型（如广角、鱼眼等）来选择不同的校正选项，配合约束工具和多边形约束工具使用，达到校正透视变形的目的。

4."消失点"滤镜

在 Photoshop CC 中，可以使用"消失点"滤镜来处理图像中的一些小瑕疵，同时也可以在编辑包含透视平面的图像时保留正确的透视效果。

4.2.3.2 "模糊"滤镜组

使用"模糊"滤镜组中的滤镜菜单命令可以对图像或选区进行柔和处理，产生平滑的过渡效果，其中包括"高斯模糊""动感模糊""径向模糊"等 11 种滤镜。

4.2.3.3 "渲染"滤镜组

"渲染"滤镜组用于为图像制作出云彩图案或模拟的光反射等效果，其中包括"云彩""分层云彩""光照效果""镜头光晕"和"纤维"5 种滤镜。

例 4.6："美丽的大眼睛"图片的制作。

操作步骤如下：

（1）打开"11.jpg"素材文件，单击"滤镜"菜单→"液化"命令，打开"液化"滤镜对话框，如图 4-41 所示。

（2）选择"膨胀工具"，调整合适的画笔大小，在人物的眼睛上单击进放大，效果如图 4-42 所示。

例 4.7："美丽的玫瑰花"图片的制作。

操作步骤如下：

（1）打开"12.jpg"素材文件，单击"滤镜"菜单→"镜头校正"命令，打开"镜头校正"滤镜对话框，在"自定"选项卡中设置"晕影"为-100，"中点"为 30，如图 4-43 所示。

（2）单击"图像"菜单→"色阶"命令，在打开的"色阶"对话框中，设置参数为 5，0.88，234，如图 4-44 所示。

（3）单击"图像"菜单→"色相/饱和度"命令，在打开的"色相/饱和度"对话框中，将饱和度设置为 30，如图 4-45 所示。

项目 4　滤镜的应用

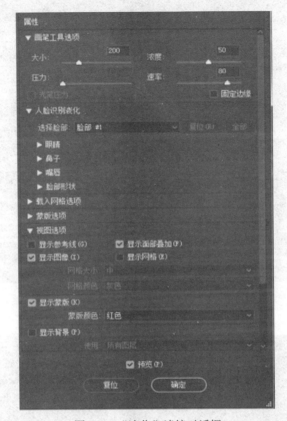

图 4-41 "液化"滤镜对话框

(a)

(b)

图 4-42 原图与放大效果的对比
（a）原图；（b）放大效果

图 4-43 "镜头校正"滤镜的效果

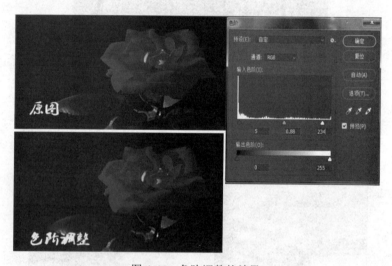

图 4-44 色阶调整的效果

例 4.8：广角镜头校正。

操作步骤如下：

（1）打开"13.jpg"素材文件，单击"滤镜"菜单→"自适应广角"命令，打开"自适应广角"滤镜对话框，选择"校正"→"鱼眼"选项，此时 Photoshop CC 会自动读取当前照片的"焦距"参数，如图 4-46 所示。

（2）选择约束工具 时，在地平线的左侧单击以添加一个锚点，将光标移至地平面的右侧位置，再次单击，此时 Photoshop CC 会自动根据所设置的"校正"及"焦距"选项生成一个用于校正的弯曲线条，如图 4-47 所示。

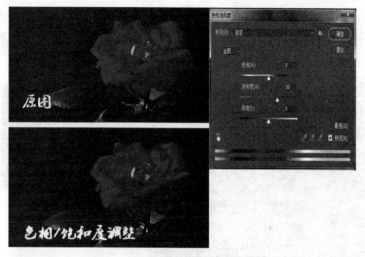

图 4-45　色相/饱和度调整的效果

图 4-46　"自适应广角"效果

图 4-47　校正后的效果

（3）拖动圆形的左、右控制点，调整线条的方向，使地平面处于水平状态。

（4）调整"缩放"选项的数值，以裁剪掉画面边缘的透明区域，并使用移动工具 调整图像的位置，直至得到满意的效果，如图4-48所示。

图4-48　广角镜头校正的最终效果

例4.9："残缺桥"图片的修复。

操作步骤如下：

（1）打开"14.jpg"素材文件，单击"滤镜"菜单→"消失点"命令，打开"消失点"滤镜对话框，选择创建平面工具 ，在图像中创建一个平面，如图4-49所示。

（2）选择图章工具，在按Alt键的同时单击缺角附近进行取样，在进行第一次修补时一定要将纹理对齐。对缺损的图像部分进行修补，如图4-50所示。对海边的边缘暂时不进行修补，需要重新进行取样。

图4-49　创建平面的效果（1）

图4-50　修补后的效果（1）

项目 4　滤镜的应用

（3）对图像的右上角进行修补，以同样的方法创建一个平面，如图 4-51 所示。在剩余的残缺图像附近进行取样，进行第 2 次修补时与海边的边缘对齐。将第一次修补与木桥对齐后，修补就很容易，效果如图 4-52 所示。

图 4-51　创建平面的效果（2）

图 4-52　修补后的效果（2）

例 4.10："跨越动感"图片的制作。

操作步骤如下：

（1）打开"15.jpg"素材文件，在"图层"面板上单击鼠标右键，选择"转换为智能对象"命令。

（2）单击"滤镜"菜单→"模糊"→"径向模糊"命令，设置"数量"为 30，"模糊方法"为"缩放"，"品质"为"最好"，效果如图 4-53 所示。

（3）选择智能滤镜蒙版，在工具箱中选择渐变工具，在工具选项栏中选择黑白径向渐变，双击"径向滤镜"右侧的"编辑滤镜混合选项"按钮 ，设置不透明度为 55%，如图 4-54 所示。

图 4-53　"径向模糊"滤镜的效果（1）

图 4-54　"径向模糊"滤镜的效果（2）

例 4.11："山间云雾"图片的制作。

操作步骤如下：

(1) 打开"16.jpg"素材文件，复制背景图层，单击"滤镜"菜单→"渲染"→"云彩"命令，效果如图 4-55 所示。

(2) 单击"滤镜"菜单→"模糊"→"高斯模糊"命令，设置"半径"为 5.0，并将此图层的混合模式设置为"滤色"，设置不透明度为 50%，如图 4-56 所示。

图 4-55 "云彩"滤镜的效果

图 4-56 "高斯模糊"滤镜的效果

(3) 为"背景复制"图层添加图层蒙版，使用黑色的柔角画笔工具在画面中进行涂抹，直至得到比较理想的云雾效果，如图 4-57 所示。

图 4-57 "山间云雾"图片的最终效果

4.2.4 案例实现（光芒四射的文字）

操作步骤如下：

(1) 打开"17.jpg"素材文件，单击"画笔工具"按钮，选择尖角工具，设置前景色为白色，随意在四周涂抹，参数设置及效果如图 4-58 所示。

项目 4　滤镜的应用

图 4-58　参数设置及用画笔涂抹边缘的效果

（2）设置前景色为黑色。用刚才的尖角画笔在画面中间随意涂抹几下，效果如图 4-59 所示。

图 4-59　用画笔涂抹画面中间的效果

（3）单击"滤镜"菜单→"风格化"→"凸出"命令，效果如图 4-60 所示。

图 4-60　"凸出"滤镜的效果

（4）把刚才做的图层再复制一层，单击"滤镜"菜单→"风格化"→"查找边缘"命令，效果如图 4-61 所示。

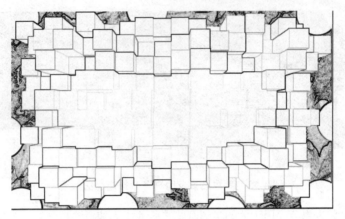

图 4-61 "查找边缘"滤镜的效果

（5）选中"图层 1"，按"Ctrl+I"组合键，进行反相，并把图层混合模式设置为"线性减淡"，效果如图 4-62 所示。

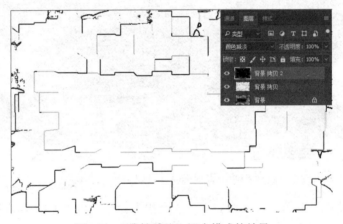

图 4-62 "线性减淡"混合模式的效果

（6）单击"文本工具"按钮，输入"NIPCD"，把文字图层隐藏，合并可见图层，单击"滤镜"菜单→"模糊"→"径向模糊"命令，参数设置及效果如图 4-63 所示。

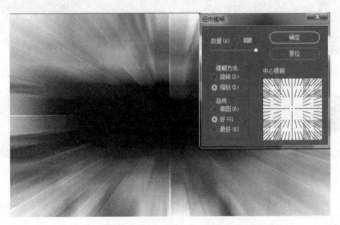

图 4-63 参数设置及"径向模糊"滤镜的效果

(7) 再执行两次径向模糊,参数同上,效果如图4-64所示。

图4-64 三次径向模糊后的效果

(8) 复制图层,按"Ctrl+I"组合键进行反相,效果如图4-65所示。

图4-65 反相的效果

(9) 复制图层,并设置复制图层混合模式为"叠加",效果如图4-66所示。

图4-66 "叠加"混合模式的效果

（10）复制图层，并设置复制图层混合模式为"滤色"，效果如图4-67所示。

图4-67 "滤色"混合模式的效果

（11）显示文字图层，并设置图层样式，参数设置及最终效果如图4-68所示。

图4-68 参数设置及光芒四射的文字的最终效果

▶ 温馨小提示

渲染类滤镜的特点是自身能产生图像，而"云彩"滤镜利用前景和背景颜色生成随机云雾效果，所以每次都会生成不同的图像。

4.2.5 案例拓展

如何制作牛奶文字呢？同学边讨论边做，教师加以指导。

4.2.5.1 制作效果（牛奶文字）

牛奶文字的制作效果如图4-69所示。

图 4-69　牛奶文字的制作效果

4.2.5.2　制作实现（牛奶文字）

操作步骤如下：

（1）新建 25.4 cm×15.24 cm、背景颜色为 "#00a8ff" 的文档。

（2）单击"文本工具"按钮，输入"milk"，用鼠标右键单击文字图层，选择"栅格化图层"命令，效果如图 4-70 所示。

图 4-70　栅格化图层的效果

（3）选中"milk"图层，复制图层为"图层 1"，设置图层样式为"斜面和浮雕""投影"，其参数设置及效果如图 4-71、图 4-72 所示。

图 4-71　"斜面和浮雕"参数设置及效果

（4）选中"图层1"，单击"滤镜"菜单→"模糊"→"径向模糊"命令，参数设置及效果如图4-73所示。

（5）新建"图层2"，用画笔工具在图层上随意画一些黑色的小点，效果如图4-74所示。

图4-72 "投影"参数设置效果

图4-73 "径向模糊"滤镜参数设置及效果

图4-74 绘制不规则图形的效果

（6）选中"图层2"，单击鼠标右键，选择"创建剪贴蒙版"命令，参数设置及牛奶文字的最终效果如图4-75所示。

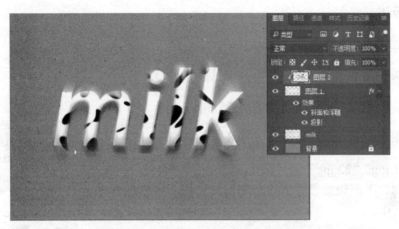

图4-75 参数设置牛奶文字的最终效果

任务评价

班级	姓名	学号	评价内容	评价等级	成绩
			知识点	优	
				良	
				中	
				及格	
				不及格	
			技能点	优	
				良	
				中	
				及格	
				不及格	
			综合评定成绩		

任务 4.3 包装设计

任务描述

本任务是制作"牛奶饮料"包装。

4.3.1 案例制作效果("牛奶饮料"包装)

"牛奶饮料"包装的制作效果如图 4-76 所示。

4.3.2 案例分析("牛奶饮料"包装)

现有"21.jpg""22.jpg"素材图片,如何制作"牛奶饮料"包装呢?下面先带领读者进行知识的储备,然后实现案例的制作。

4.3.3 相关知识讲解

4.3.3.1 "扭曲"滤镜组

"扭曲"滤镜组中的滤镜可以对图像进行几何变形、创建三维或其他变形效果,主要包括"波浪""波纹""极坐标""球面化"等 9 种滤镜。

4.3.3.2 "模糊画廊"滤镜组

"模糊画廊"滤镜组中的滤镜可以通过直观的图像控件快速创建截然不同的照片模糊效果,主要包括"场景模糊""光圈模糊""路径模糊"等 5 种滤镜。

图 4-76 "牛奶饮料"包装的制作效果

4.3.3.3 "像素化"滤镜组

"像素化"滤镜组中的滤镜主要通过将相邻颜色值相近的像素结成块状来制作各种特殊效果,主要包括"彩块化""彩色半调""点状化"等 7 种滤镜。

4.3.3.4 "锐化"滤镜组

"锐化"滤镜组中的滤镜可以对图像进行自定义锐化处理,使模糊的图像变得清晰,主要包括"USM 锐化""进一步锐化""智能锐化"等 6 种滤镜。

例 4.12:"黄昏划船"图片的制作。

操作步骤如下:

(1)打开"18.jpg"素材文件,在"图层"面板中新建一个图层,选择"渐变工具"为画布的上方到下方填充白黑线性渐变。单击"滤镜"菜单→"扭曲"→"波浪"命令,参数设置如图 4-77 所示。

(2)单击"滤镜"菜单→"扭曲"→"极坐标"命令,参数设置及效果如图 4-78 所示。

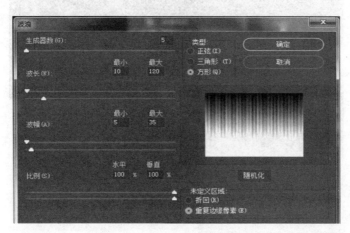

图 4-77 "波浪"滤镜参数设置

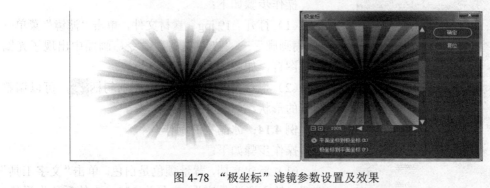

图 4-78 "极坐标"滤镜参数设置及效果

（3）设置"图层 1"的混合模式为"叠加"，并调整图层的大小和位置，效果如图 4-79 所示。

图 4-79 "叠加"混合模式的效果

（4）新建"图层 2"，设置颜色从白色到橘黄色的径向渐变，从画布中心向外拖动，如图 4-80 所示。设置该图层的混合模式为"叠加"，不透明度为 50%。

图 4-80 "黄昏划船"图片的最终效果

图 4-81 "光圈模糊"滤镜的效果

例 4.13："深秋的美女"图片的制作。

操作步骤如下：

（1）打开"19.jpg"素材文件，单击"滤镜"菜单→"模糊画廊"→"光圈模糊"命令，画面中出现了光圈模糊图钉，如图 4-81 所示。

（2）拖动圆形控制框上的控制句柄，可以调整圆形的形状，如图 4-82 所示。

例 4.14：冰晶字的制作。

操作步骤如下：

（1）新建文档，背景颜色是白色。单击"文字工具"按钮，输入"冰晶字"，字号为 120，字的颜色为黑色，按 Ctrl 键，单击文字图层，把文字载入选区，再按"Ctrl+Shift+I"组合键进行反选，执行"合并向下"命令。

图 4-82 "深秋的美女"图片的最终效果

（2）单击"滤镜"菜单→"像素化"→"晶格化"命令，设置"单元格大小"为9，如图4-83所示。

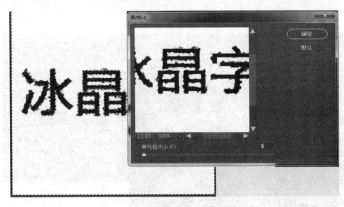

图4-83 "晶格化"滤镜的效果

（3）按"Ctrl+Shift+I"组合键反选，单击"滤镜"菜单→"模糊"→"高斯模糊"命令，设置"半径"为8，如图4-84所示，取消选取。

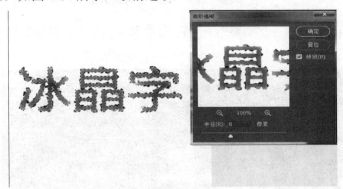

图4-84 "高斯模糊"滤镜的效果

（4）按"Ctrl+I"组合键对图像进行反相，单击"图像"菜单→"图像翻转"→"顺时针90度"命令，翻转画面。单击"滤镜"菜单→"风格化"→"风"命令，设置"方法"为"风"，"方向"为"从右"，效果如图4-85所示。

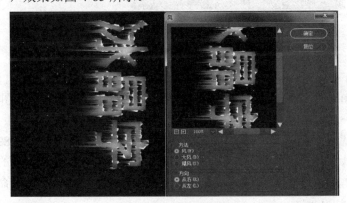

图4-85 "风"滤镜的效果

（5）单击"图像"菜单→"图像翻转"→"逆时针90度"命令翻转画面，单击"滤镜"菜单→"滤镜库"→"塑料包装"命令，效果如图4-86所示。

图4-86 "塑料包装"滤镜的效果

（6）单击"图像"菜单→"调整"→"色相/饱和度"命令，最终效果如图4-87所示。

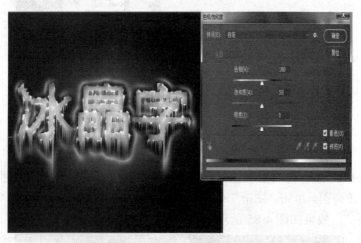

图4-87 冰晶字的最终效果

例4.15：锐化图像效果，将文件保存为"锐化.psd"。

操作步骤如下：

（1）打开"20.jpg"素材文件，复制"背景"图层，选中"背景拷贝"图层，单击"滤镜"菜单→"锐化"→"USM 锐化"命令，参数设置及效果如图4-88所示。

（2）单击"滤镜"菜单→"锐化"→"智能锐化"命令，效果如图4-89所示。

（3）复制"背景拷贝"图层，得到"背景复制 2"图层，设置该图层的混合模式为"**叠加**"，不透明度为 50%，单击"图像"菜单→"调整"→"色相/饱和度"命令，设置饱和度为18，效果如图4-90所示。

项目 4　滤镜的应用

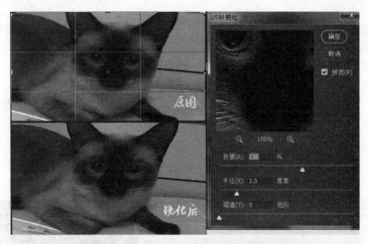

图 4-88 "USM 锐化"滤镜的参数设置及效果

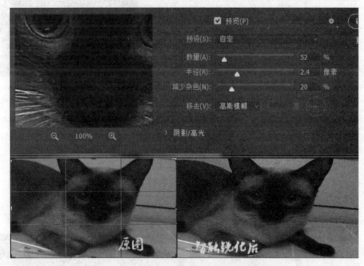

图 4-89 "智能锐化"滤镜的效果

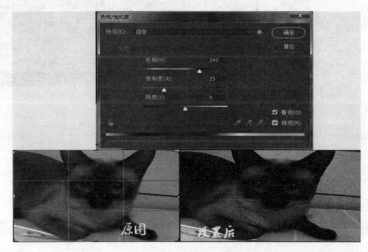

图 4-90 设置后的效果

4.3.4 案例实现（"牛奶饮料"包装）

操作步骤如下：

（1）新建 26 cm×35 cm、背景颜色为白色的文档。

（2）打开"21.jpg"素材文件，为其添加图层样式"颜色叠加"。参数设置及效果如图 4-91 所示。单击"滤镜"菜单→"锐化"→"智能锐化"命令，参数设置及效果如图 4-92 所示。

图 4-91 "颜色叠加"参数设置及效果

图 4-92 "智能锐化"参数设置及效果

（3）新建图层"矩形 1"，单击"矩形工具"按钮，绘制一个矩形，填充颜色为蓝色，效果如图 4-93 所示。

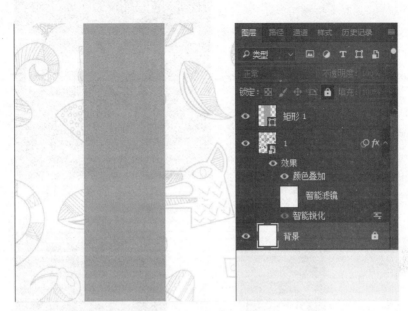

图 4-93 绘制矩形的效果

（4）新建图层"椭圆 1"，单击"椭圆工具"按钮，绘制一个椭圆，填充颜色为白色，为图层设置"投影"样式，参数设置及效果如图 4-94 所示。

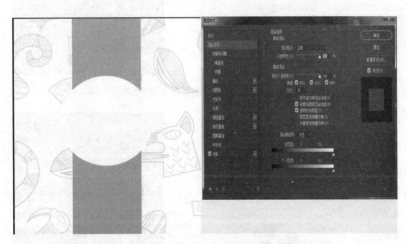

图 4-94 "投影"参数设置及效果

（5）新建图层"波浪线"，单击"自定工具"按钮，绘制一个波浪线，绘制颜色为蓝色，为图层设置"颜色叠加"样式，参数设置及效果如图 4-95 所示。

（6）复制"椭圆 1"图层为"椭圆 1 拷贝"图层，选中"椭圆 1 拷贝""波浪线"图层，单击鼠标右键，选择"创建剪贴蒙版"命令，设置后的效果如图 4-96 所示。

（7）打开"22.jpg"素材文件，把其拖曳到文档中，放置在合适的位置，单击"文本工具"按钮，输入"纯真好牛奶 健康喝出来"，参数设置及最终效果如图 4-97 所示。

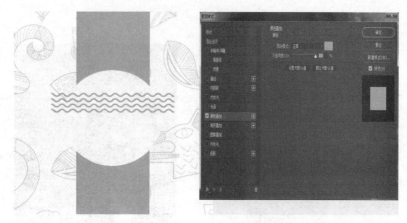

图 4-95 "颜色叠加"参数设置及效果

图 4-96 创建剪贴蒙版后的效果

图 4-97 参数设置及最终效果

项目 4 滤镜的应用

▶ 温馨小提示

拖动模糊图钉中心的位置，可以调整模糊的位置；拖动模糊图钉周围的 4 个白色圆点，可以调整模糊渐隐的范围；若按 Alt 键拖动某个白色圆点，可单独调整其模糊渐隐范围；模糊图钉外围的圆形控制框可以调整模糊的整体范围，拖动该控制框上的 4 个句柄，可以调整圆形控制框的大小和角度。

4.3.5 案例拓展

根据滤镜组知识，如何制作"跳跳逗"包装呢？同学边讨论边做，教师加以指导。

图 4-98 "跳跳逗"包装的制作效果

4.3.5.1 制作效果（"跳跳逗"包装）

"跳跳逗"包装的制作效果如图 4-98 所示。

4.3.5.2 制作实现（"跳跳逗"包装）

操作步骤如下：

（1）新建 16 cm×24.5 cm、分辨率为 300 像素/英寸、色彩模式为 CMYK、背景颜色为白色的文档。

（2）将前景色设置为灰色（C：0，M：0，Y：0，K：25），按"Alt+Delete"组合键填充到当前文件。按"Ctrl+R"组合键显示标尺，单击"视图"菜单→"新建参考线版面"命令，参数设置及效果如图 4-99 所示。

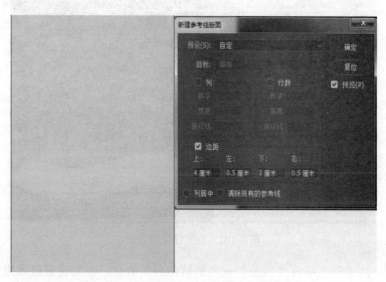

图 4-99 新建参考线版面的参数设置及效果

（3）新建"图层 1"，将前景色设置为绿色（C：73，M：0，Y：100，K：0），选择工具箱中的渐变工具，调出渐变编辑器，选择渐变类型为"前景到透明"。在文件的上、下各拉出两道渐变色，而中间的空白处为透明，参数设置及效果如图 4-100 所示。

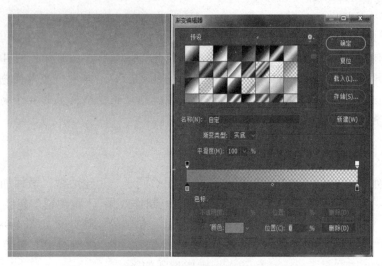

图 4-100 "图层 1"填充渐变的参数设置及效果

（4）新建"图层 2"，将前景色设置为白色。单击"画笔工具"按钮，按 F5 键弹出"画笔"面板，进行参数的设置，在版面上方随意喷几个白点，按 M 键切换到矩形选框工具，圈选几个白点，效果如图 4-101 所示。

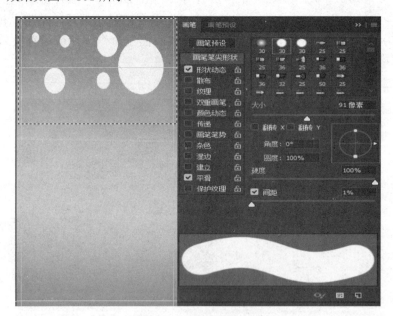

图 4-101 画笔涂抹的效果

（5）单击"滤镜"菜单→"扭曲"→"旋转扭曲"命令，参数设置及效果如图 4-102 所示，按"Ctrl+D"组合键取消选区。

（6）按"Ctrl+T"组合键执行"自由变换"命令，对"图层 2"进行变换，如图 4-103 所示；单击"滤镜"菜单→"模糊"→"高斯模糊"命令，参数设置及效果如图 4-104 所示；单击"滤镜"菜单→"模糊画廊"→"旋转模糊"命令，效果如图 4-105 所示。

项目 4　滤镜的应用

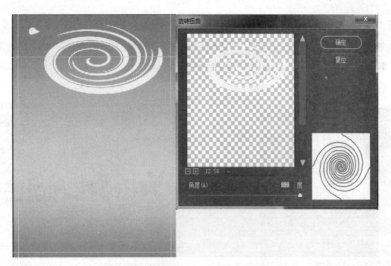

图 4-102　"旋转扭曲"参数设置及效果

图 4-103　"自由变换"的效果

图 4-104　"高斯模糊"参数设置及效果

(7)单击"文本工具"按钮,输入"跳跳逗",在文本图层上单击鼠标右键,选择"创建工作路径"命令,调整工作路径,把工作路径转换为选区,并填充 C:0,M:100,Y:100,K:76,如图 4-106 所示,按"Ctrl+D"组合键取消选区。

图 4-105 "旋转模糊"滤镜的效果

图 4-106 调整工作路径并填充

(8)选中文字图层,单击鼠标右键,选择"栅格化文字"命令,设置图层样式为"描边",参数设置及最终效果如图 4-107 所示。

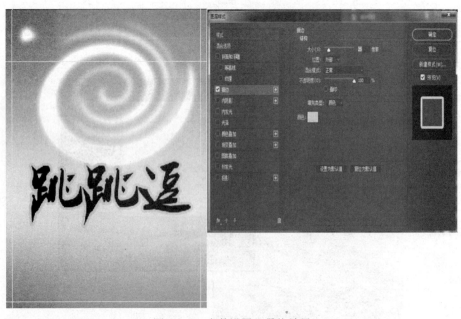
图 4-107 参数设置及最终效果

任务评价

班级	姓名	学号	评价内容	评价等级	成绩
			知识点	优	
				良	
				中	
				及格	
				不及格	
			技能点	优	
				良	
				中	
				及格	
				不及格	
			综合评定成绩		

任务4.4　网站元素设计

任务描述

本任务是制作汽车网站背景图片。首先应用"滤镜"菜单中的"杂色"滤镜，再应用"创建新的填充或调整图层"按钮中的"照片滤镜""色相/饱和度"命令对图片进行调整，使图片具有合成无痕的效果。

4.4.1　案例制作效果（汽车网站背景图片）

汽车网站背景图片的制作效果如图 4-108 所示。

图 4-108　汽车网站背景图片的制作效果

4.4.2 案例分析（汽车网站背景图片）

现有"25.jpg"素材图片，如何制作汽车网站背景图片呢？下面先带领读者进行知识的储备，然后实现案例的制作。

4.4.3 相关知识讲解

4.4.3.1 "风格化"滤镜组

"风格化"滤镜组主要作用于图像的像素，可以强化图像的色彩边界，"风格化"滤镜最终在选区中营造一种绘画或印象派的效果，包括"查找边缘""等高线""浮雕效果"等 8 种滤镜。

4.4.3.2 "杂色"滤镜组

"杂色"滤镜组中的滤镜可为图像添加或移去杂色，也可以淡化图像中的某些干扰颗粒，包括"添加杂色""减少杂色""去斑""蒙尘与划痕"和"中间色"5 种滤镜。

4.4.3.3 "其他"滤镜组

"其他"滤镜组中的滤镜可以帮助用户创建自己的滤镜、使用滤镜修改蒙版、使图像发生位移，还可以快速调整图像的颜色，包括"高反差保留""位移""自定""最大值"和"最小值"5 种滤镜。

例 4.16："彩色水晶光芒"图片的制作。

操作步骤如下：

（1）新建一个 800×600 像素、模式为 RGB 颜色的文档，其背景颜色为黑色。新建"图层 1"，填充为黑色，单击"滤镜"菜单→"渲染"→"镜头光晕"命令，参数设置及效果如图 4-109 所示。

（2）单击"滤镜"菜单→"滤镜库"→"壁画"命令，对"图层 1"进行图像缩小变换操作后将图像合并，参数设置及效果如图 4-110 所示。

（3）单击"滤镜"菜单→"风格化"→"凸出"命令，将制作好的图像放置到画布的左上角并添加"水晶"文字，参数设置及效果如图 4-111 所示。

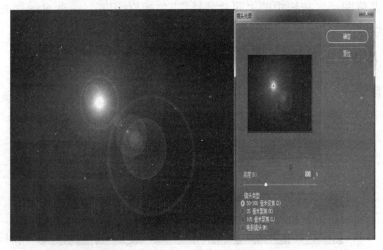

图 4-109 "镜头光晕"参数设置及效果

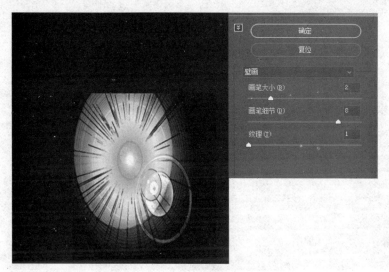

图 4-110 "壁画"参数设置及效果

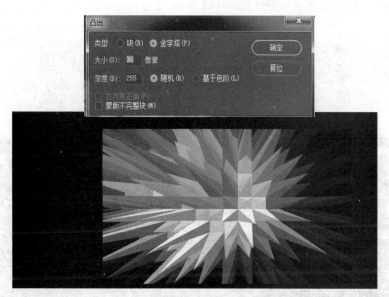

图 4-111 "凸出"参数设置及"彩色水晶光芒"图片的最终效果

例 **4.17**:"雨后街景"图片的制作。

操作步骤如下:

(1)打开"23.jpg"素材文件,在"图层"面板中新建一个图层并填充为黑色,单击"滤镜"菜单→"杂色"→"添加杂色"命令,再单击"滤镜"菜单→"模糊"→"高斯模糊"命令,设置半径为 3 像素,参数设置及效果如图 4-112 所示。

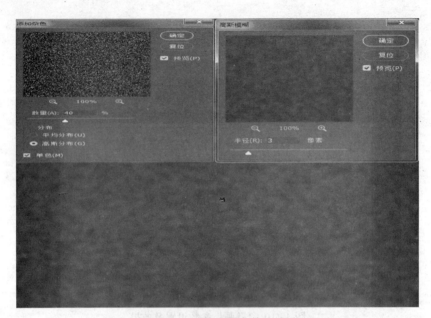

图 4-112 滤镜设置参数及效果

（2）单击"图像"菜单→"调整"→"阈值"命令，将图像转换为黑白效果，生成随机变化的白色颗粒，参数设置及效果如图 4-113 所示。

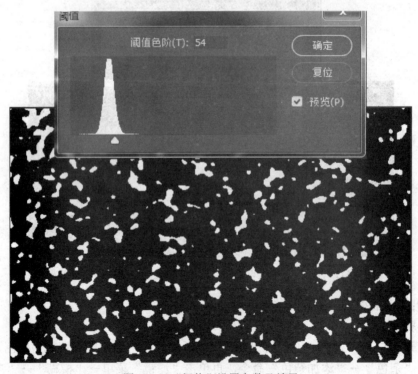

图 4-113 "阈值"设置参数及效果

（3）单击"滤镜"菜单→"模糊"→"动感模糊"命令，生成倾泻的雨丝。使用画笔工具涂抹黑色，覆盖一部分雨丝，效果如图 4-114 所示。

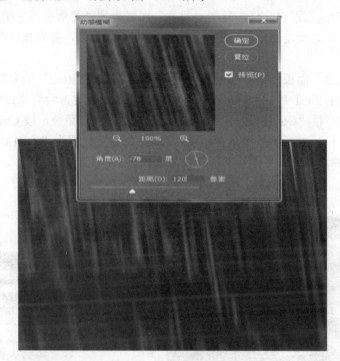

图 4-114 "雨丝"的效果

（4）设置该图层的混合模式为"滤色"。复制"背景"图层，单击"滤镜"菜单→"模糊"→"高斯模糊"命令，设置半径为 3 像素，并为该图层添加图层蒙版，使用画笔工具在人物脸部涂抹黑色，使人物清晰，背景模糊，为雨景效果营造朦胧氛围，效果如图 4-115 所示。

图 4-115 "雨后街景"图片的最终效果

例 4.18:"写实的水乡风光"图片的制作。

操作步骤如下。

(1)打开"24.jpg"素材文件,复制"背景"图层得到"背景拷贝"图层,单击"滤镜"菜单→"其他"→"高反差保留"命令,设置半径为 200 像素,并设置该图层的混合模式为"叠加"。

(2)单击"通道"面板,选择红色通道,按"Ctrl+Alt+Shift+2"组合键选取图像的高光区域,然后按"Ctrl+Shift+I"组合键反选,调整"色阶",设置参数为"129,1.0,255",加强画面的影调效果。按"Ctrl+Shift+I"组合键反选,单击图层蒙版,按 Ctrl 键,单击蒙版缩略图,将其载入选区,然后调整蒙版图层的"色阶",参数设置为"0,1.05,173",提亮图像的暗部。"写实的水乡风光"图片的最终效果如图 4-116 所示。

图 4-116 "写实的水乡风光"图片的最终效果

4.4.4 案例实现(汽车网站背景图片)

操作步骤如下:

(1)打开"25.jpg"素材文件,复制"背景"图层,单击"滤镜"菜单→"杂色"→"添加杂色"命令,参数设置及效果如图 4-117 所示。

(2)单击"创建新的填充或调整图层"按钮,选择"照片滤镜"命令,参数设置及效果如图 4-118 所示。

(3)单击"创建新的填充或调整图层"按钮,选择"色相/饱和度"命令,参数设置及效果如图 4-119 所示。

项目 4 滤镜的应用

图 4-117 "添加杂色"参数设置及效果

图 4-118 "照片滤镜"参数设置及效果

图 4-119 "色相/饱和度"参数设置及效果

(4)单击"创建新的填充或调整图层"按钮,选择"色相/饱和度"命令。汽车网站背景图片的最终效果如图4-120所示。

图 4-120　汽车网站背景图片的最终效果

▶ 温馨小提示

"风格化"滤镜主要作用于图像的像素,可以强化图像的色彩边界,所以"风格化"滤镜最终营造出的是一种印象派的图像效果。

4.4.5　案例拓展

根据滤镜知识,如何制作网站特色文字呢?同学边讨论边做,教师加以指导。

4.4.5.1　制作效果(雅虎网站文字)

雅虎网站文字的制作效果如图4-121所示。

图 4-121　雅虎网站文字的制作效果

4.4.5.2　制作实现(雅虎网站文字)

操作步骤如下:

(1)新建26 cm×35 cm、背景颜色为白色的文档,双击背景图层,设置背景图层为"图层0",选中"图层0",设置图层样式为"渐变叠加",参数设置如图4-122所示,效果如图4-123所示。

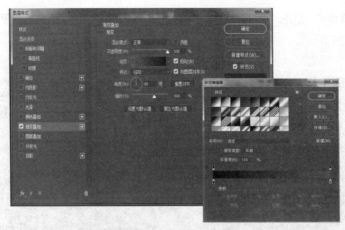

图 4-122 "渐变叠加"设置参数

图 4-123 "渐变叠加"的效果

（2）单击"文本工具"按钮，输入"雅虎"，字号为 200 点，字体为"微软雅黑"，文字的颜色为"#f4dc10"，选中文字图层，单击鼠标右键，选择"栅格化文字"命令，图层变为"雅虎"，效果如图 4-124 所示。

图 4-124 "栅格化文字"的效果

（3）选中"雅虎"图层，单击"滤镜"菜单→"风格化"→"浮雕效果"命令，参数设置及效果如图4-125所示。

图4-125 "浮雕效果"参数设置及效果

（4）选中"雅虎"图层，单击"滤镜"菜单→"杂色"→"蒙尘与划痕"命令，参数设置及效果如图4-126所示。

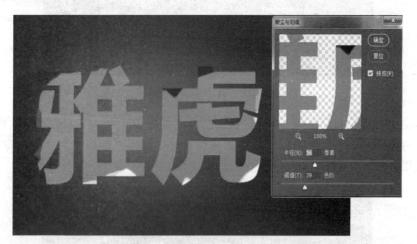

图4-126 "蒙尘与划痕"参数设置及效果

 **任务评价**

班级	姓名	学号	评价内容	评价等级	成绩
			知识点	优	
				良	
				中	

续表

班级	姓名	学号	评价内容	评价等级	成绩
			知识点	及格	
				不及格	
			技能点	优	
				良	
				中	
				及格	
				不及格	
			综合评定成绩		

 项目4 综合评价

班级	姓名	学号		评价内容	评价等级	成绩
			项目4 知识与技能 综合评定	任务4.1	优	
					良	
					中	
					及格	
					不及格	
				任务4.2	优	
					良	
					中	
					及格	
					不及格	
				任务4.3	优	
					良	
					中	
					及格	
					不及格	
				任务4.4	优	

续表

班级	姓名	学号		评价内容	评价等级	成绩
			项目 4 知识与技能 综合评定	任务 4.4	良	
					中	
					及格	
					不及格	
				综合评定成绩		

项目 5

照片的处理

● 项目场景

本项目是使用 Photoshop CC "图像"菜单的命令项进行风景照片、人物照片的美化处理。在本项目中，利用"色阶""曲线""色相/饱和度""色彩平衡""可选颜色""照片滤镜""匹配颜色"命令制作"上海风景""纽约城市风光"图片；利用仿制图章工具、图案图章工具、污点修复画笔工具、修复画笔工具、修补工具、模糊工具、锐化工具、涂抹工具、减淡工具、加深工具、海绵工具进行图片中人物眼袋的处理、图片中人物面部斑点的处理。通过本项目的学习，可以对照片进行设计开发，并将此成功应用到其他应用平台项目中，为平面设计打下良好的图片色彩及对比度设计的基础。

● 需求分析

图片的色彩、对比度的美化处理会产生意想不到的视觉冲击效果，能否设计出一个反映主题的照片，直接影响到图片的效果，因此本项目介绍"图像"菜单中的"色阶""曲线""色相/饱和度""色彩平衡""可选颜色""照片滤镜""匹配颜色"命令；仿制图章工具、图案图章工具、污点修复画笔工具、修复画笔工具、修补工具、模糊工具、锐化工具、涂抹工具、减淡工具、加深工具、海绵工具等修复工具。

● 方案设计

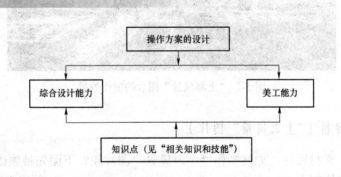

● 相关知识和技能

技能点：

（1）利用"色阶""曲线""色相/饱和度""色彩平衡"命令等进行图片中景色、光线的处理，从而训练平面设计师的综合设计能力；

（2）利用仿制图章工具、图案图章工具、污点修复画笔工具、修复画笔工具、修补工具、模糊工具、锐化工具、涂抹工具、减淡工具、加深工具、海绵工具进行照片中人物面部的修饰处理，从而训练平面设计师的美工能力。

知识点：

（1）"图像"菜单："色阶""曲线""色相/饱和度""色彩平衡""可选颜色""照片滤镜""匹配颜色"命令；

（2）修复工具：仿制图章工具、图案图章工具、污点修复画笔工具、修复画笔工具、修补工具、模糊工具、锐化工具、涂抹工具、减淡工具、加深工具、海绵工具。

任务5.1 风景图片处理

任务描述

本任务是制作"上海风景"图片。首先应用"滤镜"菜单中的"矫正"命令，对图片进行矫正，再调节其色阶、色相/饱和度，让图片的颜色更加饱满，然后通过对滤镜的调节，使图片具有大都市的风格。

5.1.1 案例制作效果（"上海风景"图片）

"上海风景"图片的制作效果如图5-1所示。

图5-1 "上海风景"图片的制作效果

5.1.2 案例分析（"上海风景"图片）

现有"7.jpg"素材图片，如何制作"上海风景"图片呢？下面先带领读者进行知识的储备，然后实现案例的制作。

5.1.3 相关知识讲解

5.1.3.1 色阶

色阶是表示图像亮度强弱的数值。色阶图是一张图像中不同亮度的分布图，一般以横坐标表示"色阶指数的取值"，标准尺度为0~255，0表示没有亮度，即黑色，255表示最亮，即白色，中间是各种灰色；以纵坐标表示包含"特定色调（即特定的色阶值）的像素数目"，其取值越大就表示在这个色阶的像素越多。使用"色阶"命令可以调整图像的阴影、中间调和高光的关系，从而调整图像的色调范围或色彩平衡。

1."色阶"对话框

调出"色阶"对话框的操作方法如下：

单击"图像"菜单→"调整"→"色阶"命令，或按组合键"Ctrl+L"均可以调出"色阶"对话框如图 5-2 所示。

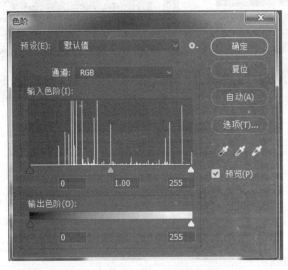

图 5-2 "色阶"对话框

（1）"通道"选项：该选项是根据图像模式而改变的，可以对每个颜色通道设置不同的输入色阶与输出色阶值。当图像模式为 RGB 时，该选项中的颜色通道为 RGB、红、绿、蓝；当图像模式为 CMYK 时，该选项中的颜色通道为 CMYK、青色、洋红色、黄色与黑色。

（2）"输入色阶"选项：该选项可以通过拖动色阶的三角滑块进行调整，也可以直接在"输入色阶"文本框中输入数值，直方图下方黑色、灰色、白色的滑块分别代表暗调（黑场）、中间调（灰场））和亮调（白场），将白色滑块往左拖动，图像的亮调区域增大，图像变亮；将黑色滑块往右拖动，图像的暗调区域增大，图像变暗；灰色滑块代表中间调，向左拖动使中间调变亮，向右拖动使中间调变暗。

（3）"输出色阶"选项：该选项中的"输出阴影"用于控制图像最暗数值；"输出高光"用于控制图像最亮数值。

（4）吸管工具：3 个吸管分别用于设置图像的黑场、白场和灰场，从而调整图像的明暗关系。

（5）"自动"按钮：单击该按钮，即可将亮的颜色变得更亮，将暗的颜色变得更暗，提高图像的对比度。它与执行"自动色阶"命令的效果是相同的。

（6）"选项"按钮：单击该按钮可以更改"自动调节"命令中的默认参数。

2."色阶"命令的应用

1）处理曝光不足的图片

打开曝光不足的照片，按"Ctrl+L"组合键，打开"色阶"对话框，对其各个参数进行设定，调整前后的图片效果和"色阶"对话框如图 5-3 所示。

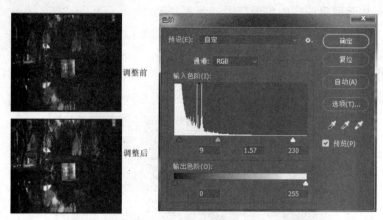

图 5-3　调整前后的图片效果和"色阶"对话框

图 5-4　吸管工具

2）处理图片的偏色问题

"色阶"对话框的右下角位置有 3 个吸管，分别用来设置图像的黑场、灰场和白场，如图 5-4 所示。选择吸管工具，然后在图像中单击，可以把单击处的像素及与其同等亮度的像素变为纯黑、纯灰、纯白。在这个操作过程中，颜色可能会有所变化，所以吸管工具也可以用来处理图片的偏色问题。

如图 5-5（a）所示，图片中的天空应该是白色的，所以选择白场吸管，然后在天空处单击，使天空的颜色和与天空亮度值一样的颜色变成纯白；图片中的黑色部分应该是纯黑色，所以选择黑场吸管，在黑色处单击，使黑色处的颜色及乌黑色处亮度值一样的颜色变为纯黑，最终效果如图 5-5（b）所示。

(a)　　　　　　　　　　　　　(b)

图 5-5　处理偏色前、后的对比效果
(a) 处理偏色前；(b) 处理偏色后

5.1.3.2　曲线

"曲线"命令是 Photoshop CC 中最常用的调整工具，它和"色阶"命令一样可以调整图像的色调，但是，"曲线"命令除了可以调整图像的色调以外，还可以通过个别通道调整图像的色彩。

1. "曲线"对话框

调出"曲线"对话框的操作方式如下：

单击"图像"菜单→"调整"→"曲线"命令，或按"Ctrl+M"组合键均可以调出"曲线"对话框，如图 5-6 所示。

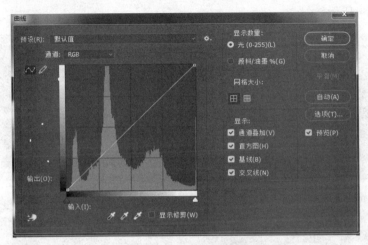

图 5-6 "曲线"对话框

2. "曲线"命令的应用

1）调整图像的色调

将曲线向上拉，照片亮度提高，将曲线向下拉，照片亮度降低；S 形曲线可增强对比度，反 S 形曲线可降低对比度，如图 5-7 所示。

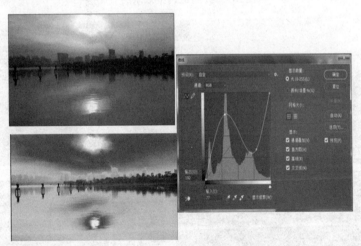

图 5-7　S 形曲线与反 S 形曲线的对比效果

2）调整图像的颜色

与"色阶"命令一样，"曲线"命令也可以调整图像的整体色调，但是"曲线"命令的功能更加强大，它还可以通过各个颜色通道对图像颜色进行精确的调整。以 RGB 模式为例，在"曲线"对话框中可以选择红通道、绿通道、蓝通道，如图 5-8 所示。

当选择红通道时,曲线向上,图像中的红色增多,曲线向下,图像中的青色增多,如图 5-9 所示;当选择绿通道时,曲线向上,图像中的绿色增多,曲线向下,图像中的洋红色增多,如图 5-10 所示;当选择蓝通道时,曲线向上,图像中的蓝色增多,曲线向下,图像中的黄色增多,如图 5-11 所示。

图 5-8 通道模式

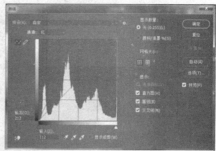

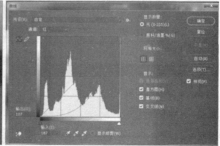

图 5-9 红通道调整效果的对比

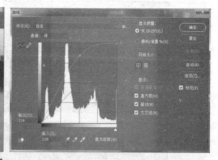

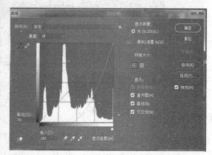

图 5-10 绿通道调整效果的对比

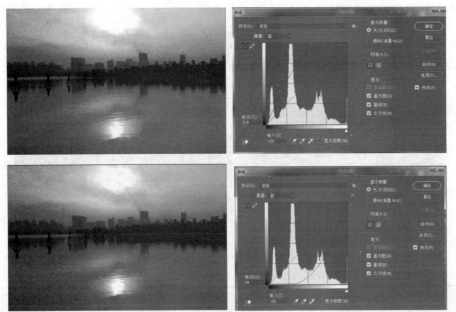

图 5-11 蓝通道调整效果的对比

5.1.3.3 色相/饱和度

"色相/饱和度"命令可以调整整个图像或图像中单个颜色成分的色相、饱和度和明度。

调出"色相/饱和度"对话框的操作方法如下：

单击"图像"菜单→"调整"→"色相/饱和度"命令，或按"Ctrl+U"组合键，均可以调出"色相/饱和度"对话框如图 5-12 所示。

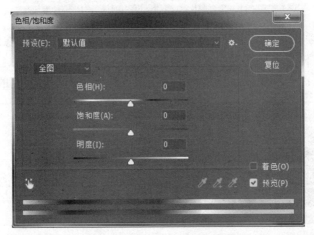

图 5-12 "色相/饱和度"对话框

（1）"色相"选项：拉动"色相"选项的三角形滑块，可以改变图像的颜色。图 5-13 中各种颜色的变化便是通过此方法实现的。

（2）"饱和度"选项：拉动"饱和度"选项的三角形滑块，可以改变图像的饱和度。当滑块在最右边时，图像的饱和度最高；当滑块在最左边时，为黑白图片。不同饱和度的效果如图 5-14 所示。

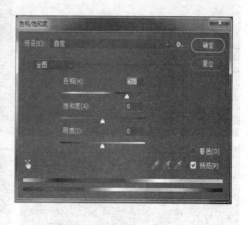

图 5-13 "色相"参数设置及调整效果的对比

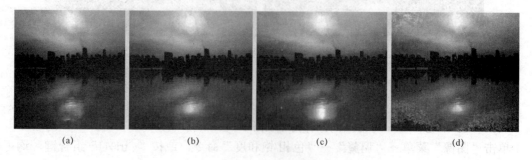

图 5-14 不同饱和度的效果

(a)原图;(b)黑白图片;(c)饱和度中间值;(d)饱和度最高

(3)"明度"选项:拉动"明度"选项的三角形滑块,可以改变图像的明度。调整明度,图像会整体变亮或整体变暗,相当于在图片中加入不同分量的黑色或白色。当滑块在最右边时,图像变成纯白色;当滑块在最左边时,图像变成纯黑色。不同明度的如图 5-15 所示。

图 5-15 不同明度的效果

(a)原图;(b)纯黑色;(c)中间值;(d)纯白色

(4)"编辑"下拉菜单:在"编辑"下拉菜单中可以选择"全图"或"其他颜色"选项。当选择"全图"选项时,是对图像中的所有颜色进行调整,也可以利用对话框右下角的吸管工具吸取图像中的颜色,对吸取的颜色进行色相/饱和度的调整。当选择某一种颜色时,是对图像中某一种颜色进行调整。

5.1.3.4 色彩平衡

"色彩平衡"命令可以更改图像的总体颜色混合，并且在暗调区、中间调区和高光区，通过控制各个单色的成分来平衡图像的色彩。因此在使用"色彩平衡"命令前首先要了解互补色的概念，这样可以更快地掌握"色彩平衡"命令的使用方法。所谓"互补"，就是指 Photoshop CC 图像中一种颜色成分的减少，必然导致它的互补色成分的增加，绝不可能出现一种颜色和它的互补色同时增加的情况；另外，每一种颜色可以由它的相邻颜色混合得到（如：绿色的互补色是洋红色，它是由绿色和红色重叠混合而成的；红色的互补色是青色，它是由蓝色和绿色重叠混合而成的。）

调出"色彩平衡"对话框的操作方法如下：

单击"图像"菜单→"调整"→"色彩平衡"命令，或按"Ctrl+B"组合健，均可以调出"色彩平衡"对话框，如图 5-16 所示。

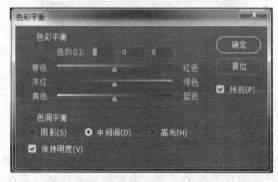

图 5-16 "色彩平衡"对话框

（1）"色阶"选项：可将滑块拖向要增加的颜色，或将滑块拖离要减少的颜色。

（2）"色调平衡"选区：通过选择"阴影""中间调"和"高光"可以控制图像不同色调区域的色彩平衡。

（3）"保持明度"选项：勾选此选项，可以防止图像的亮度值随着颜色的更改而改变。

"色彩平衡"命令的效果如图 5-17 所示。

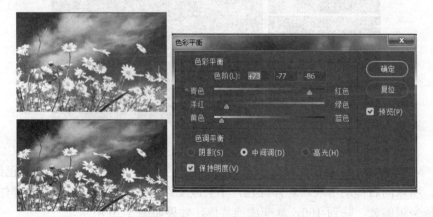

图 5-17 "色彩平衡"命令的效果

5.1.3.5 可选颜色

"可选颜色"命令有 9 种颜色,可以有选择地修改其中任何一种颜色中的印刷色数量,而不影响其他主要颜色。选中相应的颜色,然后通过调整该颜色的 4 个色相参数,达到调整图像色彩的效果。

调出"可选颜色"对话框的操作方法如下:

单击"图像"菜单→"调整"→"可选颜色"命令,打开"可选颜色"对话框,如图 5-18 所示。

图 5-18 "可选颜色"对话框

(1)"青色"滑块:青色是红色的对应色,如果把滑块向右拖动增加青色,红色会越来越黑,这是两个对应色混合,相互吸收的原理;向左拖动滑块减少青色,红色没有变化,因为在红色本色中就不含有青色,效果如图 5-19 所示。

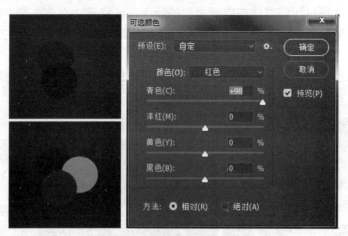

图 5-19 调整"青色"滑块

(2)"洋红"滑块:红色是由洋红色和黄色混合产生的,"红色"模式的红色已经是 100%的纯红色,所以向右拖动滑块增加洋红色,不会改变红色,向左拖动滑块减少洋红色,会使红色部分越来越偏黄,降到-100,就变成纯黄色,效果如图 5-20 所示。

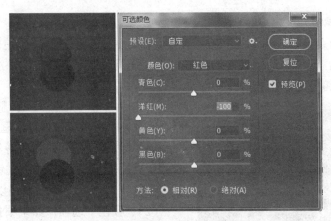

图 5-20 调整"洋红"滑块

（3）"黄色"滑块：红色是由洋红色和黄色混合产生的，"红色"模式的红色已经是 100% 的纯红色，所以向右拖动滑块增加黄色，不会改变红色，向左拖动滑块减少黄色，红色中包含的黄色减少，洋红色相应增加，这时红色部分越来越偏洋红色，降到 –100，就变成洋红色，效果如图 5-21 所示。

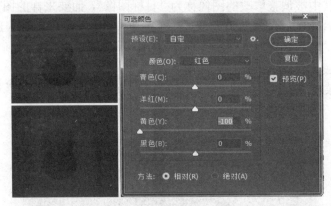

图 5-21 调整"黄色"滑块

（4）"黑色"滑块：用来调整红色的明度，左明右暗，将"黑色"滑块向左拖动，将提高红色的明度，效果如图 5-22 所示。

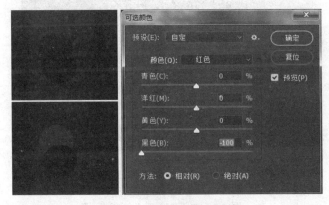

图 5-22 调整"黑色"滑块

5.1.3.6 照片滤镜

"照片滤镜"命令可以用来修正扫描、胶片冲洗、白平衡设置不正确造成的色彩偏差,还原照片的真实色彩,调节照片中轻微的色彩偏差,强调效果,突显主题,渲染气氛。

调出"照片滤镜"对话框的操作方法如下:

单击"图像"菜单→"调整"→"照片滤镜"命令,打开"照片滤镜"对话框,如图 5-23 所示。

(1)"滤镜"选项:自带各种颜色滤镜,如加温滤镜、冷却滤镜等。加温滤镜为暖色调,以橙色为主;冷却滤镜为冷色调,以蓝色为主。

(2)"颜色"选项:如果不使用内置的滤镜效果,也可以自行设置想要的颜色。

(3)"浓度"选项:控制需要增加颜色的浓淡,数值越大,颜色浓度越高。

图 5-23 "照片滤镜"对话框

5.1.3.7 匹配颜色

"匹配颜色"命令可以将两个图像或图像中的两个图层的颜色和亮度匹配,使其颜色色调和亮度协调一致,其中被调整修改的图像称为"目标图像",而要采样的图像称为"源图像"。如果希望不同的图片中的颜色一致,或者当一个图像中特定元素的颜色(肤色)必须与另一个图像中某个元素的颜色匹配时,该命令非常有用。

调出"匹配颜色"对话框的操作方法如下:

单击"图像"菜单→"调整"→"匹配颜色"命令,打开"匹配颜色"对话框,如图 5-24 所示。

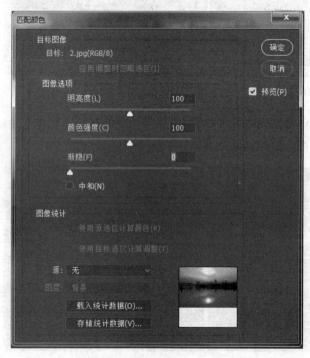

图 5-24 "匹配颜色"对话框

项目 5 照片的处理

（1）"明亮度"滑块：可以提高或减低图像的亮度。

（2）"颜色强度"滑块：用来调整色彩的饱和度，当颜色强度为 1 时，生成灰度图像。

（3）"渐隐"滑块：用来控制应用于图像的调整值，数值越高，调整强度越弱，当推到 100 时，回复原片。

（4）"中和"选项：可以消除图像中出现的色偏，它是两张照片匹配的柔和程度，其值是电脑智能控制的。

（5）"源"选项：表示要与目标图像匹配的源图像。

例 5.1："黄金色的日落"图片的调节。

操作步骤如下：

（1）打开"4.jpg"素材文件，单击"图像"菜单→"调整"→"曲线"命令，或按"Ctrl+M"组合键，打开"曲线"对话框，选择"RGB"通道，在曲线的中间加一个点往上拉，让曲线的弧度向上，整体调亮图片的颜色，由于图片亮部区域太亮，所以把右上角的点往下边拖动，压暗亮部，参数设置和效果如图 5-25 所示。

（2）选择"红"通道，在曲线的中间加一个点往上拉，让曲线的弧度向上，增加红色，参数设置和效果如图 5-26 所示。

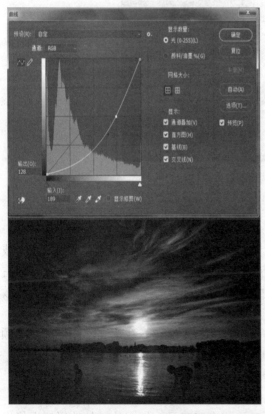

图 5-25 "RGB"通道曲线调整的参数设置及效果

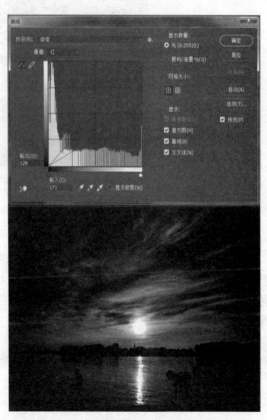

图 5-26 "红"通道曲线调整的参数设置及效果

(3)选择"蓝"通道,在曲线的中间加一个点往下压,让曲线的弧度向下,增加黄色,参数设置和效果如图5-27所示。

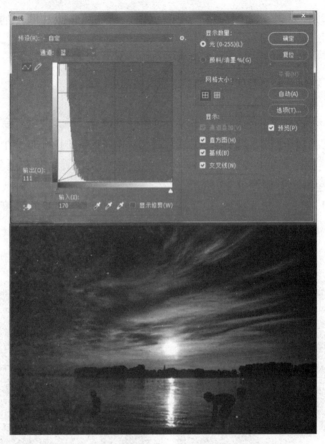

图5-27 "蓝"通道曲线调整的参数设置及效果

例5.2:"月季花"图片的调节。

操作步骤如下:

(1)打开"5.jpg"素材文件,单击"图像"菜单→"调整"→"色相/饱和度"命令,或按"Ctrl+U"组合键,打开"色相/饱和度"对话框,在下拉菜单中选择"红色"选项,向右拖动"色相"滑块,注意观察图像中花朵颜色的变化,让花心部分呈现黄色,参数设置和效果如图5-28所示。

(2)在下拉菜单中选择"洋红"选项,向右拖动"色相"滑块,注意观察图像中花朵颜色的变化,让整朵花都呈现出黄色,参数设置和效果如图5-29所示。

例5.3:利用"照片滤镜"命令调出浪漫的紫色调。

操作步骤如下:

(1)打开"6.jpg"素材文件,复制背景图层,选择套索工具,把图片远处的绿树选择出来,单击鼠标右键,在菜单中选择"羽化"选项,设置羽化值为70,如图5-30所示。

（2）单击"图像"菜单→"调整"→"照片滤镜"命令，选择"颜色"选项，在拾色器中选择颜色："#de00ec"，将"浓度"选项调为 100%，参数设置和效果如图 5-31 所示。

（3）按"Ctrl+D"组合键取消选区，选择套索工具，把景色框选出来，在菜单中选择"羽化"选项，设置羽化值为 70，单击"图像"菜单→"调整"→"照片滤镜"命令，选择"加温滤镜"选项，将"浓度"调为"80%"，参数设置和效果如图 5-32 所示。

图 5-28 调整花心的颜色

图 5-29 调整整朵花的颜色

图 5-30 框选远处的树并设置羽化值

图 5-31 "照片滤镜"参数设置及效果（1）

图 5-32 "照片滤镜"参数设置及效果（2）

（4）按"Ctrl+D"组合键取消选区，选择套索工具，把图片近处的湖景选择出来，单击鼠标右键，在菜单中选择"羽化"选项，设置羽化值为70；单击"图像"菜单→"调整"→"照片滤镜"命令，选择"颜色"选项，在拾色器中选择颜色"#001cec"，将"浓度"选项调为80%，按"Ctrl+D"组合键取消选区，参数设置及效果如图 5-33 所示。

（5）单击"图像"菜单→"调整"→"色彩平衡"命令，对中间调的颜色进行调整，参数设置和最终效果如图 5-34 所示。

图 5-33 "照片滤镜"参数设置及效果（3）

图 5-34 "色彩平衡"参数设置及最终效果

5.1.4 案例实现（"上海风景"图片）

操作步骤如下：

（1）打开"7.jpg"素材文件，复制背景图层，单击"滤镜"菜单→"镜头矫正"命令，参数设置为默认，效果如图 5-35 所示。

图 5-35 "镜头矫正"前后效果对比
(a) 原图;(b) "镜头矫正"后

（2）选中"背景拷贝"图层，单击"创建新的填充或调整图层"按钮，选择"色阶"命令，参数设置及效果如图 5-36 所示。

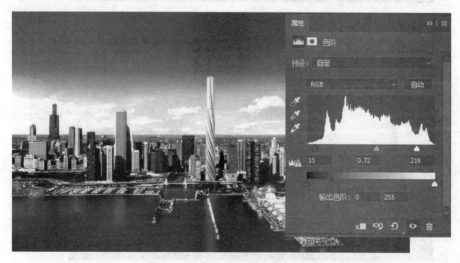

图 5-36 "色阶"参数设置及效果

（3）单击"创建新的填充或调整图层"按钮，选择"色相/饱和度"命令，分别对"全图""红色""黄色"选项进行调整，参数设置及效果如图 5-37～图 5-39 所示。

图 5-37 "色相/饱和度"→"全图"的参数设置及效果

图 5-38 "色相/饱和度"→"红色"的参数设置及效果

图 5-39 "色相/饱和度"→"黄色"的参数设置及效果

（4）单击"创建新的填充或调整图层"按钮，选择"照片滤镜"命令，参数设置及效果如图 5-40 所示。

图 5-40 "照片滤镜"参数设置及效果

（5）选择"照片滤镜"图层，并把图层混合模式设置为"叠加"，单击蒙版按钮，设置前景色为黑色，背景色为白色，单击渐变填充工具，设置渐变颜色为黑色到无色，参数设置及效果如图 5-41 所示。

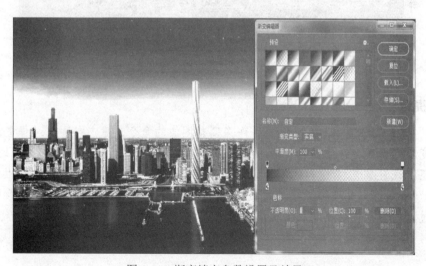

图 5-41 渐变填充参数设置及效果

(6)按"Ctrl+Alt+Shift+E"组合键,盖印图层,单击"滤镜"菜单→"杂色"→"减去杂色"命令,参数设置及效果如图5-42所示。

图5-42 "减去杂色"参数设置及效果

(7)单击"滤镜"菜单→"锐化"→"USM锐化"命令,参数设置及最终效果如图5-43所示。

图5-43 "USM锐化"参数设置及最终效果

▶ 温馨小提示

"图像"菜单→"调整"命令提供了许多调整图像的命令,建议在调整过程中,每个命令调整的幅度不宜过大,以免损失过多的细节,可通过多个命令多次调整,从而达到理想效果。

黑白照片设置"色相/饱和度"时,需要勾选"着色"复选框,才能给图片上色。

"色阶"命令可以处理曝光不足的图片,同理,通过对暗部、灰部和亮部的调整,也可以处理曝光过度的图片或者偏灰、对比度不强的照片。

5.1.5 案例拓展

现有"8.jpg"素材文件,如何制作"纽约城市风光"图片呢?同学边讨论边做,教师加以指导。

5.1.5.1 制作效果("纽约城市风光"图片)

"纽约城市风光"图片的制作效果如图5-44所示。

图 5-44 "纽约城市风光"图片的制作效果

5.1.5.2 制作实现("纽约城市风光"图片)

操作步骤如下:

(1) 打开"8.jpg"素材文件,复制背景图层,单击"图像"菜单→"调整"→"曲线"命令,分别对"RGB""蓝"通道进行调整,参数设置及效果如图 5-45、图 5-46 所示。

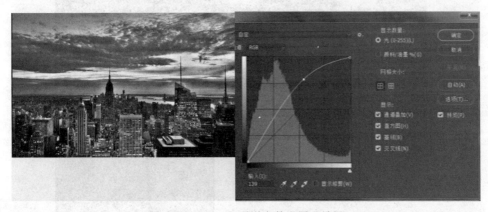

图 5-45 "RGB"通道参数设置及效果

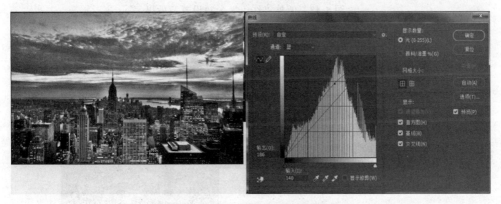

图 5-46 "蓝"通道参数设置及效果

(2) 单击"创建新的填充或调整图层"按钮,选择"色阶"命令,参数设置及效果如图 5-47 所示。

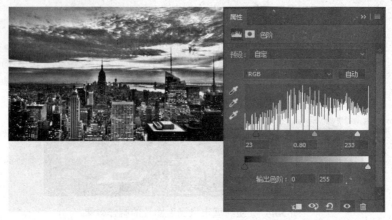

图 5-47 "色阶"参数设置及效果

（3）单击"创建新的填充或调整图层"按钮，选择"可选颜色"命令，分别调整"红色""蓝色""绿色""白色"4 种颜色，参数设置及效果如图 5-48～图 5-51 所示。

图 5-48 调整"红色"参数设置及效果

图 5-49 调整"蓝色"参数设置及效果

项目5 照片的处理

图 5-50 调整"绿色"参数设置及效果

图 5-51 调整"白色"参数设置及效果

（4）单击"创建新的填充或调整图层"按钮，选择"渐变调整"命令，设置渐变颜色为橙色到透明，参数设置及效果如图 5-52 所示。

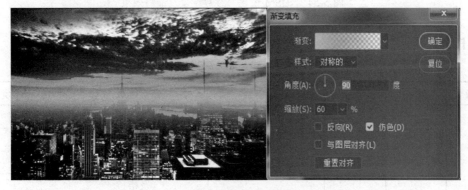

图 5-52 "渐变调整"参数设置及效果

（5）按"Ctrl+Alt+Shift+E"组合键，盖印图层，单击"滤镜"菜单→"杂色"→"减去杂色"命令，参数设置及效果如图 5-53 所示。

（6）单击"滤镜"菜单→"锐化"→"USM 锐化"命令，参数设置及最终效果如图 5-54 所示。

图 5-53　"减去杂色"参数设置及效果

图 5-54　"USM 锐化"参数设置及最终效果

 任务评价

班级	姓名	学号	评价内容	评价等级	成绩
				优	
				良	
			知识点	中	
				及格	
				不及格	

续表

班级	姓名	学号	评价内容	评价等级	成绩
				优	
				良	
			技能点	中	
				及格	
				不及格	
			综合评定成绩		

任务 5.2　人物的美化处理

人物的美化处理

 任务描述

本任务是进行图片中人物眼袋的处理。首先应用污点修复画笔工具去掉人物的眼袋，运用"曲线"命令，通过不同通道进行调节，以提亮人的肌肤，运用仿制图章工具对面部进行磨皮，通过调节色相平衡，改变嘴唇的颜色，从而改变原图的缺陷。

5.2.1　案例制作效果（图片中人物眼袋的处理）

图片中人物眼袋的处理效果如图 5-55 所示。

图 5-55　图片中人物眼袋的处理效果

5.2.2　案例分析（图片中人物眼袋的处理）

现有"10.jpg"素材图片，如何处理图片中人物的眼袋呢？下面先带领读者进行知识的储备，然后实现案例的制作。

5.2.3 相关知识讲解

5.2.3.1 仿制图章工具

仿制图章工具可以将一幅图像的选定点作为取样点，将该取样点周围的图像复制到同一图像或另一图像中。仿制图章工具是专门的修图工具，可以用来消除人物面部斑点、背景部分不相干的杂物，填补图片空缺等，其快捷键为 J。

选择仿制图章工具，在需要取样的地方按住 Alt 键取样，然后在需要修复的地方涂抹就可以快速消除污点，同时也可以在 Photoshop CC 属性栏调节笔触的混合模式、大小、流量等，更为精确地消除污点。

在使用仿制图章工具复制图像的过程中，复制的图像将一直保留在仿制图章上，除非重新取样；如果在图像中定义了选区内的图像，复制将仅在选区内有效。

1. 仿制图章工具介绍

单击"仿制图章工具"按钮，在上方出现选项栏，如图 5-56 所示。

图 5-56 "仿制图章工具"选项栏

选取画笔笔尖，可以设置"模式""不透明度"和"流量"画笔选项。

（1）"对齐"选项：对像素连续取样，而不会丢失当前的取样点，即使松开鼠标按键也是如此。如果取消选择"对齐"选项，会在每次停止并重新开始绘画时使用初始取样点中的样本像素。

（2）"样本"选项：通过该选项，可对"当前图层""当前和下方图层""所有图层"数据进行取样。

2. 仿制图章工具的应用

1）去除文字

选择仿制图章工具，按住 Alt 键，在无文字区域单击相似的色彩或者图案采样，然后在文字区域拖动鼠标以覆盖文字。

2）"复印机"作用

仿制图章工具的作用如同复印机一般，即将图像中一个地方的像素原样搬到另外一个地方，使两个地方的内容一致。

5.2.3.2 图案图章工具

单击"图案图章工具"按钮，在上方出现选项栏，如图 5-57 所示。

图 5-57 "图案图章工具"选项栏

选取画笔笔尖，可以设置"模式""不透明度"和"流量"画笔选项。

（1）"对齐"选项：对像素连续取样，而不会丢失当前的取样点，即使松开鼠标按键也是如此。如果取消选择"对齐"选项，会在每次停止并重新开始绘画时使用初始取样点中的样本像素。

（2）"图案"下拉菜单：单击"图案"下拉菜单，可在弹出的列表中选择图案。

5.2.3.3 污点修复画笔工具

污点修复画笔工具可以快速移去照片中的污点和其他不理想的部分。在使用污点修复画笔工具时，不需要定义原点，只需要确定需要修复的图像的位置，调整好画笔大小，移动鼠标就会在确定需要修复的位置自动匹配，所以在实际应用中比较实用。"污点修复画笔工具"选项栏如图 5-58 所示。

图 5-58 "污点修复画笔工具"选项栏

在选项栏中可设置画笔的大小、硬度、间距及角度和圆度。

（1）"模式"选项：用来设置修复图像时使用的混合模式。

（2）"类型"选项：用来设置修复方法。选择"近似匹配"，可以使用选区边缘周围的像素近似匹配要修复的区域；选择"创建纹理"，可以使用选区中的所有像素创建一个用于修复该选区的纹理；选择"内容识别"，可使用选区周围的像素进行修复。

5.2.3.4 修复画笔工具

修复画笔工具可以去除图像中的杂斑、污迹，修复的部分会自动与背景颜色融合，其操作方法与仿制图章工具相同，但所复制之处即使跟下方原图之间颜色有差异，也会自动匹配作颜色过渡，修复后边缘自动融合，非常自然。"修复画笔工具"选项栏如图 5-59 所示。

图 5-59 "修复画笔工具"选项栏

（1）"源"选项：选择"取样"，可以用取样点的像素覆盖单击点的像素，从而达到修复的效果。选择此子选项，必须按 Alt 键进行取样。选择"图案"，可以用修复画笔工具移动过的区域以所选图案进行填充，并且图案会和背景颜色融合。

（2）"对齐"选项：勾选"对齐"，再进行取样，然后修复图像，取样点的位置会随着光标的移动而发生相应的变化；若取消勾选，再进行修复，取样点的位置保持不变。

5.2.3.5 修补工具

修补工具可以修复选区内的图像。选择需要修复的选区，拉取需要修复的选区拖动到附近完好的区域方可实现修补。修补工具一般用来修复一些具有大面积皱纹的图片，细节处理则需要使用仿制图章工具。"修补工具"选项栏如图 5-60 所示。

图 5-60 "修补工具"选项栏

（1）"修补"选项：选择"源"，指选区内的图像为被修改区域；选择"目标"，指选区内的图像为去修改区域。

（2）"透明"选项：勾选此选项，再移动选区，选区中的图像会和下方图像产生透明叠加。

（3）"使用图案"选项：在未建立选区时，"使用图案"选项不可用。画好一个选区之后，"使用图案"选项被激活，首先选择一种图案，然后单击"使用图案"按钮，可以把图案填充到选区中,并且会与背景产生一种融合的效果。

5.2.3.6 模糊工具、锐化工具、涂抹工具

在"模糊"工具组中包含 3 个工具,分别为模糊工具、锐化工具和涂抹工具,如图 5-61 所示。使用该工具组中的工具,可以进一步修饰图像的细节。

图 5-61 "模糊"工具组

1. 模糊工具

模糊工具可以柔化图像中的硬边缘或区域,同时减少图像中的细节。它的工作原理是降低像素之间的反差。"模糊工具"选项栏如图 5-62 所示。

图 5-62 "模糊工具"选项栏

在该选项栏中可以设置画笔的形状、大小、硬度等。
(1)"模式"选项:设置色彩的混合方式。
(2)"强度"选项:设置画笔的压力。
(3)"对所有图层取样"选项:可以使模糊作用于所有图层的可见部分。

2. 锐化工具

锐化工具与模糊工具相反,它是一种使图像色彩锐化的工具,也就是增大像素间的反差的工具。"锐化工具"选项栏如图 5-63 所示。

图 5-63 "锐化工具"选项栏

3. 涂抹工具

使用涂抹工具的效果好像用笔刷在未干的油墨上擦过一样。也就是说笔触周围的像素将随笔触一起移动。"涂抹工具"选项栏如图 5-64 所示。

图 5-64 "涂抹工具"选项栏

5.2.3.7 "减淡、加深、海绵"工具组

在"减淡、加深、海绵"工具组中包含 3 个工具,分别为减淡工具、加深工具和海绵工具,如图 5-65 所示。使用该工具组中的工具,可以进一步修饰图像的细节。

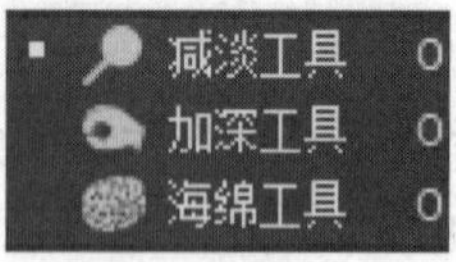

图 5-65 "减淡、加深、海绵"工具组

1. 减淡工具

减淡工具常通过提高图像的亮度来校正曝光度。"减淡工具"选项栏如图 5-66 所示。

图 5-66 "减淡工具"选项栏

"范围"下拉列表包括 3 个选项，分别为"阴影""中间调"和"高光"，如图 5-67 所示。选择"中间调"选项，在图像上单击并拖动鼠标，可以减淡图像的中间调区域；选择"阴影"选项，可以减淡图像的暗部；选择"高光"选项，可以减淡图像的亮部。不同的曝光度将产生不同的图像效果，值越大，效果越明显。

图 5-67 "减淡工具"范围选项

2. 加深工具

加深工具的功能与减淡工具相反，它可以降低图像的亮度，通过加暗来校正图像的曝光度。"加深工具"选项栏如图 5-68 所示。

图 5-68 "加深工具"选项栏

3. 海绵工具

海绵工具可精确地更改图像的色彩饱和度，使图像的颜色变得更加鲜艳或更加灰暗，如果当前图像为灰度模式，使用海绵工具将增加或降低图像的对比度。"海绵工具"选项栏如图 5-69 所示。

图 5-69 "海绵工具"选项栏

单击打开"模式"下拉列表，如图 5-70 所示，下拉列表中包括"加色"和"去色"两个选项。选择"加色"选项将增强涂抹区域内图像颜色的饱和度，选择"去色"选项将降低涂抹区域内图像颜色的饱和度。

图 5-70 "模式"下拉列表

例 5.4 "花长出来了"图片的制作。

操作步骤如下：

（1）打开"9.jpg"素材文件，复制图层为"图层 1"，选择仿制图章工具，在工具选项栏中选择柔角笔刷，设置画笔大小为 150，不透明度和流量为 100%，勾选"对齐"选项，其他参数保持默认设置，如图 5-71 所示。

图 5-71 参数设置

（2）在"图层 1"中需要复制的地方按住 Alt 键不放，单击鼠标左键，设置取样点；在需要被复制的图像区域拖动鼠标进行涂抹绘制，将在被涂抹的图像区域绘制出相同的图像，效果如图 5-72 所示。

图 5-72 "花长出来了"图片的效果

5.2.4 案例实现（图片中人物眼袋的处理）

操作步骤如下：

（1）打开"10.jpg"素材文件，复制"背景"图层，单击"创建新的填充或调整图层"按钮，选择"曲线"命令，调整"RGB""红""绿"通道的曲线，参数设置及效果如图 5-73～图 5-75 所示。

图 5-73 "RGB"通道的参数设置及效果

项目 5 照片的处理

图 5-74 "红"通道的参数设置及效果

图 5-75 "绿"通道的参数设置及效果

(2) 新建"图层 1",单击"污点修复画笔工具"按钮,参数设置及效果如图 5-76 所示。

图 5-76 污点修复画笔工具参数设置及效果

（3）单击"仿制图章工具"按钮，对图片中人物的面部皮肤进行手工磨皮，参数设置及效果如图 5-77 所示。

图 5-77　用仿制图章工具磨皮的参数设置及效果

（4）新建"图层 2"，单击"钢笔工具"按钮，绘制出嘴唇的轮廓，按"Ctrl+Enter"组合键，将路径转化为选区，将羽化值设置为 1 像素，单击"创建新的填充或调整图层"按钮，选择"色相平衡"命令，参数设置及效果如图 5-78 所示。

图 5-78　修饰嘴唇的参数设置及效果

（5）新建"图层 3"，单击"椭圆选框工具"按钮，框选出右眼珠轮廓，将羽化值设置为 1 像素，单击"仿制图章工具"按钮，参数设置同步骤 3，在眼珠与眼白之间盖印，清晰眼珠的边缘；按"Ctrl+Alt+Shift+E"组合键，盖印图层，单击"减淡工具"按钮，减淡眼白和眼珠反光的区域，单击"加深工具"按钮，加深眼珠，效果如图 5-79 所示。

（6）新建"图层 5"，单击"钢笔工具"按钮，绘制出右眉毛的轮廓，按"Ctrl+Enter"组合键，将路径转换为选区，单击"仿制图章工具"按钮，参数设置同步骤（3），在眉毛周围进行盖印，清晰眉毛轮廓，效果如图 5-80 所示。

图 5-79 修饰眼睛的效果　　　　　图 5-80 修饰眉毛的效果

（7）单击"创建新的填充或调整图层"按钮，选择"可选颜色"命令，调整红色，参数设置及最终效果如图 5-81 所示。

图 5-81 "可选颜色"参数设置及最终效果

▶ 温馨小提示

加深工具的使用方法与减淡工具相同，工具选项栏内的设置及功能键的使用也相同。

5.2.5 案例拓展

现有"11.jpg"素材文件，如何处理图片中人物面部斑点呢？同学边讨论边做，教师加以指导。

5.2.5.1 制作效果（图片中人物面部斑点的处理效果如图 5–82 所示。）

5.2.5.2 制作实现（图片中人物面部斑点的处理）

操作步骤如下：

图 5-82 图片中人物面部斑点的处理效果

（1）打开"11.jpg"素材文件，复制图层。单击"修复画笔工具"按钮，按 Alt 键选取临近斑点的干净皮肤进行修复，效果如图 5-83 所示。

图 5-83　应用修复画笔工具进行修复的效果

（2）单击"创建新的填充或调整图层"按钮，选择"亮度/对比度"命令，参数设置及效果如图 5-84 所示。

图 5-84　"亮度/对比度"参数设置及效果

（3）按"Ctrl+Alt+Shift+E"组合键，盖印图层，单击"添加图层蒙版"按钮，选择蒙版缩略图，按"Ctrl+I"进行反相，将前景色变成白色，选择画笔，调整画笔的大小、不透明度、流量，根据图片调整，将人物面部涂抹出来，参数设置及效果如图 5-85 所示。

（4）选择图层，单击"滤镜"菜单→"模糊"→"高斯模糊"命令，参数设置如图 5-86 所示，把图层混合模式设置为"叠加"，效果如图 5-87 所示。

项目 5　照片的处理

图 5-85　添加图层蒙版的参数设置及效果

图 5-86　"高斯模糊"滤镜的参数设置及效果

图 5-87　图层"叠加"模式的效果

（5）新建"图层 2"，单击"磁性套索工具"按钮，将嘴唇勾选出来，效果如图 5-88 所示，单击"创建新的填充或调整图层"按钮，选择"色彩平衡"命令，参数设置及最终效果如图 5-89 所示。

图 5-88　将嘴唇勾选出来的效果

图 5-89　"色彩平衡"参数设置及最终效果

任务评价

班级	姓名	学号	评价内容	评价等级	成绩
			知识点	优	
				良	
				中	

续表

班级	姓名	学号	评价内容	评价等级	成绩
			知识点	及格	
				不及格	
			技能点	优	
				良	
				中	
				及格	
				不及格	
			综合评定成绩		

项目 5 综合评价

班级	姓名	学号		评价内容	评价等级	成绩
			项目 5 知识与技能 综合评定	任务 5.1	优	
					良	
					中	
					及格	
					不及格	
				任务 5.2	优	
					良	
					中	
					及格	
					不及格	
				综合评定成绩		

项目 6
综合设计

任务 6.1 广告设计

广告设计是将图像、色彩、文字、版面、图形等元素,结合广告媒体的特征,在计算机上通过相关设计软件来进行平面艺术创意的一种设计活动,从而表达广告的目的和意图。

1. 广告设计的形式

广告设计包括二维广告、三维广告、媒体广告、展示广告等诸多广告形式。

2. 广告设计的表现

广告设计有主题、语言文字、创意、形象、衬托五个要素。广告设计的最终目的就是吸引眼球,主要表现如下:

1) 吸引力

吸引眼球的最好方式是使用视觉效果,并用通俗的语言来传达产品的利益点。广告设计应科学地运用色彩,合理搭配,准确地运用图片,从而产生吸引力。

2) 信息内容

广告设计的信息内容要能够系统地融合消费者的需求点、利益点和支持点等沟通要素,通过简单、清晰和明了的信息内容准确传递利益要点。

3) 品牌形象

广告设计的画面应该符合稳定、统一的品牌个性和品牌定位策略;同一宣传主题下的不同版本,其创作风格和整体表现应保持一致性和连贯性。

3. 广告设计的原则

1) 广告创意的独创性原则

广告设计不能因循守旧、墨守成规,而要勇于、善于标新立异。具有独创性的广告设计具有最强的心理冲击效果。新奇感能够使人们产生强烈的兴趣,使广告给人们留下深刻的印象。独创性是广告创意的首要原则,但不是目的。

2) 广告创意的实效性原则

广告创意的实效性包括理解性和相关性。理解性即易为广大受众所接受。在进行广告创意时,要善于对各种信息符号元素进行最佳组合,使其具有适度的新颖性和独创性。其关键是在"新颖性"与"可理解性"之间找到最佳结合点。相关性是指广告创意中的意象组合和广告主题内容相互关联。

6.1.1 案例制作效果("海洋世界"广告)

"海洋世界"广告的制作效果如图 6-1 所示。

项目 6 综合设计

图 6-1 "海洋世界"广告的制作效果

6.1.2 案例分析("海洋世界"广告)

现在有"1.jpg""2.jpg""3.jpg""4.jpg""5.jpg""6.jpg""7.jpg"素材图片,如何制作"海洋世界"广告呢?下面先带领读者进行知识的储备,然后实现案例的制作。

6.1.3 案例实现("海洋世界"广告)

操作步骤如下:

(1)新建 21 cm×30 cm、背景颜色为白色、分辨率为 300 的文档。

(2)新建一个图层,使用渐变工具进行填充,参数设置如图 6-2 所示,效果如图 6-3 所示。

图 6-2 渐变填充参数设置　　　　　　　图 6-3 渐变填充的效果

- 233 -

（3）单击"文件"菜单→"置入嵌入的智能图像"命令，选择"1.jpg"素材文件，单击"确定"按钮，并将"鱼群"图层的图层混合模式设置为"明度"，效果如图6-4所示。

图6-4 "明度"混合模式的效果

（4）单击"文件"菜单→"置入嵌入的智能图像"命令，选择"2.jpg""3.jpg"素材文件，单击"确定"按钮，并选中"海底"图层，设置图层混合模式为"叠加"，并将不透明度设置为45%，效果如图6-5所示。

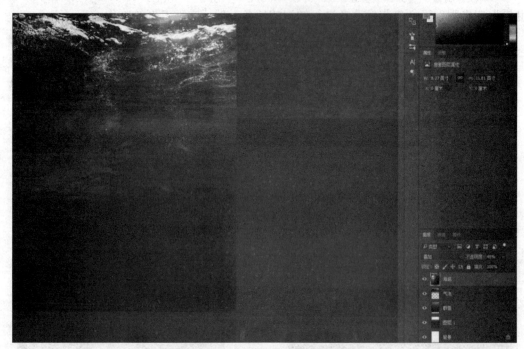

图6-5 "叠加"混合模式的效果

（5）单击"文件"菜单→"置入嵌入的智能图像"命令，选择"4.jpg"素材文件，单击"确定"按钮，单击"添加图层蒙版"按钮，选择渐变填充（黑到白），效果如图6-6所示。

项目 6　综合设计

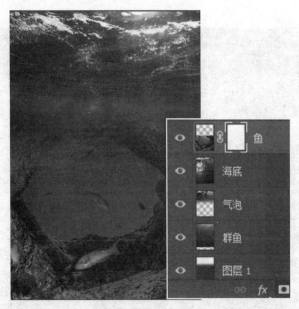

图 6-6　添加蒙版的效果

（6）单击"文本工具"按钮，分别输入"海""洋""世""界"四个字，并把它们放到合适的位置，效果如图 6-7 所示。

图 6-7　输入文字的效果

（7）单击"文件"菜单→"置入嵌入的智能图像"命令，选择"5.jpg""6.jpg""7.jpg"素材文件，单击"确定"按钮，选中"海豚"图层，设置图层样式为"投影"，参数设置如图 6-8 所示。同理设置"海豚 1"图层的样式为"投影"。"图层"面板及最终效果如图 6-9 所示。

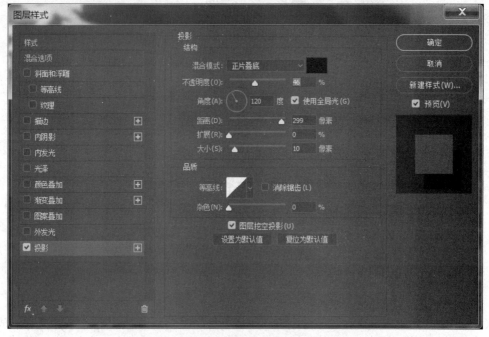

图 6-8 "投影"参数设置

图 6-9 "图层"面板及最终效果

任务 6.2 海报设计

海报设计

海报设计就是运用设计手法将某种健康文化以图文结合的形式体现出来，张贴在公共场所，宣传公共道德、公共法规、社会文化等内容，不带明显的商业目的的设计制作过程。

1. 海报的表现

海报设计包括形象、色彩、构图、形式感等因素，通过运用这些要素形成强烈的视觉效果，从而形成强烈的号召力与鲜明的艺术风格和设计特点。

1）画面大

海报张贴在热闹的场所，它受到周围环境和各种因素的干扰，所以必须以大的画面、突出的形象和色彩展现在大众面前，其画面有全开、对开、长三开、八开以及特大画面（全开）等多种类型。

2）远视强

为了给大众留下印象，除了面积大之外，海报设计还要以突出的商标、标志、标题、图形，对比强烈的色彩，或者大面积空白，简练的视觉流程作为视觉焦点。

3）创意新

海报的针对性较强。商业性海报恰当地配合产品格调和主要受众对象，以较好和较新颖的创意，在宣传目标、视觉效果与艺术价值上达到高度的统一。非商业性的海报内容广泛，形式多样，且艺术表现力丰富。

2. 海报设计的特点

1）广泛性

受众面广泛是海报设计的一大特点。一般来说海报是面对绝大多数受众的，而不是少数的特定受众。越多的人看到和接受海报的内容，其效果越好。

2）图形语言性

海报以图形语言为主要信息传达方式。海报设计对图形表达和创意的要求较高，不能过多地依赖文字传达信息。

6.2.1 案例制作效果（"中秋节"海报）

"中秋节"海报的制作效果如图 6-10 所示。

6.2.2 案例分析（"中秋节"海报）

现有"8.jpg""9.jpg""10.jpg""11.jpg"素材图片，如何制作"中秋节"海报呢？下面先带领读者进行知识的储备，然后实现案例的制作。

6.2.3 案例实现（"中秋节"海报）

操作步骤如下：

（1）新建 21 cm×30 cm、分辨率为 300、背景颜色为白色的文档。

（2）新建图层为"图层 1"，设置前景色为"#28264a"，按"Alt＋Delete"组合键，对该图层进行填充。

图 6-10 "中秋节"海报的制作效果

（3）单击"文件"菜单→"置入嵌入的智能图像"命令，选择"8.jpg""9.jpg"素材文件，单击"确定"按钮，选中"月亮"图层，设置图层样式为"外发光"，参数设置及效果如图 6-11 所示。

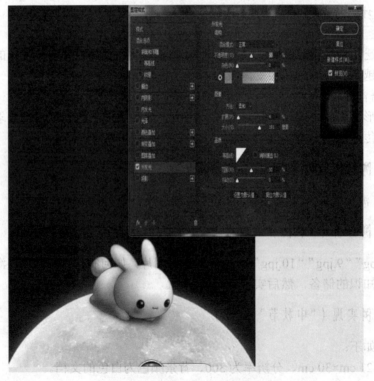

图 6-11 "外发光"参数设置及效果

(4)单击"文件"菜单→"置入嵌入的智能图像"命令,选择"10.jpg""11.jpg"素材文件,单击"确定"按钮,选中"中秋"图层,设置图层样式为"投影",参数设置及效果如图 6-12 所示。

图 6-12 "投影"参数设置及效果

(5)单击"文本工具"按钮,分别输入"明月寄相思""海上生明月,天涯共此时""中秋"。"图层"面板及最终效果如图 6-13 所示。

图 6-13 "图层"面板及最终效果

任务 6.3　包装设计

包装设计是在商品流通过程中为了更好地保护商品,并促进商品的销售而进行的设计。其主要包括包装造型设计、包装结构设计以及包装装潢设计。

包装设计的一般属性包括保护特征、生理特征、心理特征。不同的产品在不同的时间、不同的地点会侧重于不同的功能要素。

1. 保护特征

包装设计的保护特征主要是指包装应对商品起保护作用。商品从工厂到消费者要经历反复多次的运输、装卸、储存、检测,会遇到各种各样的碰撞、挤压、震荡、冷热、干湿、光照,以及可能发生的污染等考验。任保一个环节出问题,包装内的产品都有可能受到损害,甚至报废。失去了保护特征,包装设计的其他特征也就没有意义了。

2. 生理特征

包装设计的生理特征是指包装应便于被人操作,其表现为动作的便利性。无论是工业包装还是商业包装,其规格、尺寸、形状、重量以及工艺、材料、结构、开启方法等都直接与操作有关。在商业包装方面,生理功能和心理功能常常表现为个体矛盾的统一体。包装设计的生理特征至少应包括:便于运输和装卸、便于保管与储存、便于携带与使用、便于回收与废弃处理、便于利用和处理等。应多选用可再生材料,始终考虑包装对环保的影响。

3. 心理特征

包装设计的心理特征是指物品作用于人的视觉感受,以及产生的心理影响。在市场经济中,包装的商业促销功能是其最直接、最令人关注的因素。包装的促销功能给包装注入了生命,塑造出为人接受的自我推销员形象。这便是包装设计的心理特征。

6.3.1　案例制作效果("茶叶"包装)

"茶叶"包装的制作效果如图 6-14 所示。

6.3.2　案例分析("茶叶"包装)

现有"12.jpg""13.jpg""14.jpg""15.jpg"素材图片,如何制作"茶叶"包装呢?下面先带领读者进行知识的储备,然后实现案例的制作。

6.3.3　案例实现("茶叶"包装)

操作步骤如下:

(1)新建 33 cm×42 cm、分辨率为 150、背景颜色为白色的文档。

(2)单击"文件"菜单→"置入嵌入的智能图像"命令,选择"12.jpg"素材文件,单击"确定"按钮,生成"图层 1"。

(3)新建图层"椭圆 1",单击"椭圆工具"按钮,

图 6-14　"茶叶"包装的制作效果

画出一个空心的圆圈，参数设置如图6-15所示。单击"添加图层蒙版"按钮，选用"橡皮擦"涂擦，效果如图6-16所示。

图6-15 "椭圆工具"选项栏参数设置

图6-16 添加图层蒙版的效果

（4）单击"文字工具"按钮，输入"茶"，字号为200，把其放到合适的位置，效果如图6-17所示。

图6-17 输入文字的效果

（5）新建图层"椭圆2"，单击"椭圆工具"按钮，画出一个实心圆圈，单击"文件"菜单→"置入嵌入的智能图像"命令，选择"13.jpg"素材文件，单击"确定"按钮，选中"茶叶"图层，单击鼠标右键，选择"创建剪贴蒙版"命令，效果如图6-18所示。

图6-18 创建剪贴蒙版的效果

（6）新建图层"椭圆3""椭圆4"，单击"椭圆工具"按钮，选择"形状"命令，分别在两个图层上绘制大小不同的空心圆，为两个椭圆图层添加蒙版，使用"橡皮擦"涂擦，效果如图6-19所示。

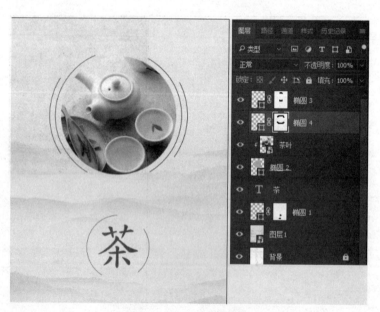

图6-19 添加图层蒙版的效果

（7）单击"文件"菜单→"置入嵌入的智能图像"命令，选择"14.jpg"素材文件，单击"确定"按钮，选择"线"图层，按"Ctrl+G"组合键复制图层，将"线拷贝""线拷贝2""线拷贝3"图层放在图中合适的位置，效果如图6-20所示。

项目 6 综合设计

图 6-20 添加线条的效果

（8）单击"文件"菜单→"置入嵌入的智能图像"命令，选择"15.jpg"素材文件，单击"确定"按钮，选择"叶子"图层，按 **Ctrl+G** 组合键复制图层，将"叶子拷贝"图层放在图中合适的位置，并把"叶子拷贝"图层的不透明度调整为 75。"图层"面板及最终效果如图 6-21 所示。

图 6-21 "图层"面板及最终效果

- 243 -

参 考 文 献

[1] 李金明,李金蓉. 中文版 Photoshop CC 完全自学教程 [M]. 北京:人民邮电出版社,2014.
[2] 王琳. Photoshop CC 从入门到精通 [M]. 北京:北京大学出版社,2016.
[3] 邓多辉. 中文版 Photoshop CC 基础教程 [M]. 北京:北京大学出版社,2016.
[4] 秋凉. Photoshop CC 数码摄影后期处理完全自学手册[M]. 北京:人民邮电出版社,2014.
[5] 邹丽华,崔春莉. Photoshop CC 平面设计教程 [M]. 北京:机械工业出版社,2016.